Pocket Power

Claudia Kostk
Annette Mönc

Change Management

7 Methoden für die Gestaltung von Veränderungsprozessen

3. Auflage

HANSER

Inhalt

1 Einleitung

„Nichts ist beständiger als Wandel“, wusste bereits ca. 500 Jahre v. Chr. Heraklit. Wandel und Veränderung sind keine neuen Phänomene, nur die Geschwindigkeit, in der Unternehmen heute gezwungen sind, sich zu verändern, hat sich erhöht.

In allen technisch dominierten Branchen wird die Dynamik in immer kürzeren Produktlebenszyklen wie in der Automobil-, Computer- und Telekommunikationsindustrie deutlich. Unternehmen sehen sich daher ständig vor neuen Herausforderungen. Neu ist, dass die Führungskräfte möglichst schnell die Mitarbeiter in den Veränderungsprozess einbeziehen. Denn neue Strategien erfordern nicht selten tief greifende Veränderungen von bisher fest etablierten Prozessen. Doch schmerzhafte Einschnitte erzeugen häufig Widerstand und Blockaden gegen das Neue.

Nur wer es schafft, diesen ständig erforderlichen Veränderungsprozess als festen Bestandteil unternehmerischen Denkens und Handelns zu begreifen und professionell zu gestalten, wird dauerhaft erfolgreich sein.

Die bewusste und systematische Gestaltung von tief greifendem Wandel ist Inhalt von Change Management.

Dieser Pocket Power gibt Ihnen einen Einblick für den Einsatz dieser Methoden zur erfolgreichen Gestaltung Ihrer Veränderungsprozesse.

Unter diesem Symbol werden Tipps gegeben.

Dieses Symbol weist auf Hindernisse hin.

2 Grundlagen zum Change Management

2.1 Historie

Die Ursprünge des Change Management gehen auf die Organisationsentwicklung bzw. die *Human-Relationship*-Bewegung in den USA der 30er Jahre des 20. Jahrhunderts zurück. Roethlisberger und Mayo hatten im Zuge von Experimenten zur Leistungssteigerung in den Hawthorne-Werken der Western Electric herausgefunden, dass die Leistungsfähigkeit der Mitarbeiter weniger durch die Arbeitsbedingungen als vielmehr durch die Aufmerksamkeit, die man den Mitarbeitern entgegenbringt, gesteigert wird.

Kurt Lewin führte in den 40er Jahren weiter gehende Untersuchungen durch. Im National Training Laboratory (NTL) erforschte er das Gruppenverhalten sowie Vorteile und Nutzen von Gruppenarbeit. Unter realen Bedingungen wurde Gruppenarbeit allerdings erst in den 50ern in Organisationen wie z. B. bei Union Carbide, Volvo und Esso Standard Oil umgesetzt. Dazu wurden umfangreiche Programme erstellt, welche aus Gruppentrainings, Teamentwicklung und anderen Interventionstechniken bestanden. Dabei zeigte sich, dass die bisherigen individualpsychologischen Ansätze zu wenig über die Interaktionen in Gesamtsystemen aussagten.

Die Ansätze Lewins prägten Ende der 40er Jahre die „Datenerhebungs- und Rückkoppelungsmethode“ (survey-guided feedback method) des Institute for Social Research an der Universität von Michigan: Dabei werden Mitarbeiter befragt und die Ergebnisse anschließend an die betroffenen Manager und Mitarbeiter „rückgekoppelt“. Durch die Vergleichs- und Diagnosemöglichkeiten konnten auf allen Unternehmensebenen gezielt Verbesserung der Zusammenarbeit vorgenommen werden.

Nahezu zeitgleich entstand das Konzept der teilautonomen Arbeitsgruppen des Tavistock-Institute of Human Relations in London. Ziel ist es, die Leistungsfähigkeit und Zufriedenheit zu erhöhen, indem in nahezu selbst gesteuerten Kleingruppen der Handlungsspielraum der Beschäftigten erweitert wird.

Der Begriff „Organisation" wurde durch die Organisationsentwicklung Mitte der 50er Jahre revolutioniert. Personen in Unternehmen werden als in Beziehung stehende Gruppenmitglieder betrachtet und können deshalb nicht mehr isoliert von der Organisation gesehen werden. Folglich werden die Organisation und ihre Mitgliedern als Einheit verstanden, die mit ihrer Umwelt in Beziehung steht und nur als System sinnvoll verändert werden kann.

Change Management ist unter anderem die Weiterentwicklung der Organisationsentwicklung. Seit Anfang der 90er Jahre hält Change Management in großem Maßstab Einzug in Unternehmen.

Während anfangs so genannte Change Agents bei der Gestaltung von Veränderungsprozessen mitwirk(t)en, wird Change mehr und mehr zur täglichen Aufgabe von Führungskräften und Mitarbeitern aller Hierarchieebenen.

2.2 Begriffsklärung: Change Management

Change Management bedeutet, Veränderungsprozesse auf Unternehmens- und persönlicher Ebene zu planen, zu initiieren, zu realisieren, zu reflektieren und zu stabilisieren. Das Spektrum der Veränderungsinhalte reicht dabei von der strategischen Ausrichtung bis zur Durchführung von Maßnahmen zur Persönlichkeitsentwicklung der Mitarbeiter.

Change Management zielt auf planmäßige mittel- bis langfristig wirksame Veränderung von Verhaltensmustern und Fähigkeiten, um zielgerichtet Prozesse und Kommunikationsstrukturen zu optimieren. Dafür ist eine ganzheitliche Betrachtungsweise der Organisation notwendig.

Der Erfolg von Veränderungen hängt maßgeblich von der Fähigkeit einer Organisation ab, seine Mitarbeiter in einen paradigmatischen Veränderungsprozess zu integrieren.

Change Management ist elementarer Bestandteil für erfolgreiches unternehmerisches Handeln. Denn Veränderungen prägen unser Leben.

2.3 Veränderungszyklen nach Kondratieff

Die Geschichte wiederholt sich zwar nicht, dennoch gibt es bestimmte Konstanten im menschlichen Verhalten. Daher ist es lohnenswert, nach Parallelen zwischen aktuellen, zukünftigen und vergangenen Entwicklungen zu forschen. Denn wer die Vergangenheit kennt und entsprechend interpretieren kann, vermag die Zukunft zu antizipieren.

Anhand der Theorie der langen Wellen des Russen Nikolai Kondratieff lassen sich wirtschaftliche Veränderungszyklen (Bild 1) anschaulich erläutern. Dieser stellte in den 20er Jahren die These auf, die Wirtschaft wachse und schrumpfe in langen Zyklen. Ein neuer Wellenkamm baue sich immer dann auf, wenn bahnbrechende Erfindungen und techologische Sprünge einen Innovationsschub auslösen. Dampf-

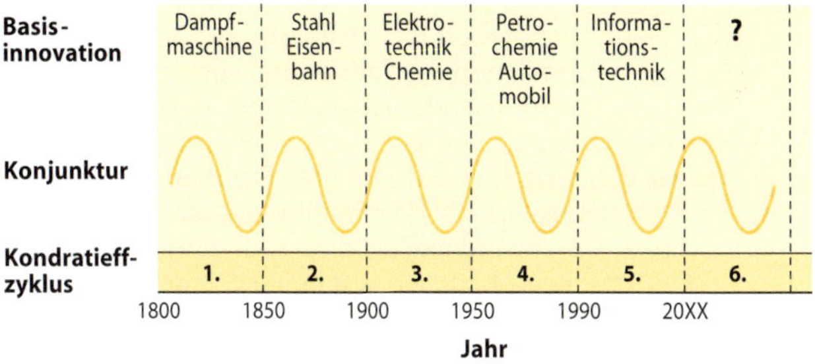

Bild 1: *Kondratieffzyklus*

Quelle: Nefiodow 1999.

maschine, Eisenbahn, Petrochemie, Elektrizität, Automobil, Computer, Mobiltelefon und Internet waren solche Wachstumsmotoren.

Die industrielle Revolution hat im 19. Jahrhundert zweifellos die Unternehmenslandschaft verändert. Die Erfindung der Dampfmaschine (1. Kondratieff) und die Massenfertigung von Stahl verhalfen der Eisenbahn (2. Kondratieff) zum neuen Verkehrsmittel. Der 3. Kondratieff wurde neben der chemischen Industrie vor allem durch die Erforschung der Elektrotechnik geprägt. Der 4. Kondratieff brachte die massenhafte Verbreitung von Autos, Fernsehern, Telefonen und auch Computern mit sich.

Im 5. Kondratieff, der sich bereits seinem Ende zuneigt, spielt der Bedarf nach effizientem Umgang mit Information und Wissen die zentrale Rolle. Durch die Verschmelzung von Computer und Telefon wurde mit dem Internet ein völlig neues Medium geschaffen, welches sowohl das Privatleben als auch die Arbeitswelt veränderte. Bis zum Jahresende 2005 wird es laut CIA über 765 Millionen User weltweit geben.

Der 5. Kondratieff war der erste Zyklus, der nicht mehr primär von der Verwertung von Bodenschätzen, Stoffumwandlungsprozessen und Energien getragen wurde, sondern von der Verwertung der immateriellen Größe Information. Aufgrund der Erhöhung der weltweiten Kommunikation durch die Informationstechnik erhöhte sich die Geschwindigkeit von Veränderungsprozessen und damit der Bedarf für ein kontinuierlich praktiziertes Change Management.

„Im nächsten, im 6. Kondratieffzyklus, wird der gesellschaftliche Bedarf nach Gesundheit im Vordergrund stehen. Nicht nur rein körperliche Gesundheit, wie wir sie heute verstehen, sondern in einem ganzheitlichen Sinne: auch seelische, ökologische und soziale Gesundheit“, prophezeit der Zukunftsforscher Leo A. Nefiodow. Er ist „der festen Überzeugung, dass der nächste Innovationsschub im Wesentlichen davon abhängt, dass wir künftig die weichen Faktoren besser nutzen. Damit meine ich Kompetenzen im Umgang mit Menschen, Kreativität, Motivation, Verantwortungsgefühl und vor allem die Bereitschaft, sich für eine Sache einzusetzen. (...) Große Produktionsfortschritte erzielt man heute nicht mehr in erster Linie durch noch bessere Hardware, durch noch bessere Technik oder durch besseren Zugang zu Fremdkapital. Die wirklichen Durchbrüche in der Produktivität erreicht man dadurch, dass man die Art und Weise, wie Menschen zusammenarbeiten, anders gestaltet.“

2.4 Phasen von Veränderungsprozessen

Erfolgreich sind heute die Unternehmen, die am schnellsten in der Lage sind, sich neuen Herausforderungen zu stellen. Dies erfordert bewusste, von der Organisation geplante

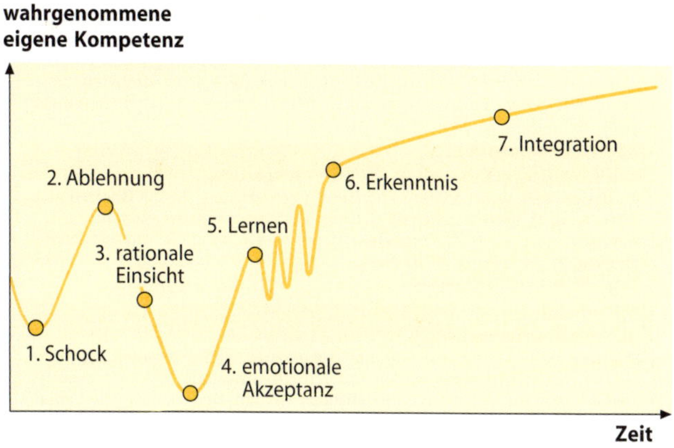

Bild 2: *Phasen von Veränderungsprozessen*

und initiierte Lernprozesse mit dem Ziel der Effizienzsteigerung. Damit verbunden ist die Fähigkeit der Organisationsmitglieder zur Reflexion des eigenen Verhaltens im Unternehmenskontext (z. B. Prozesse, Produkte, Ressourceneinsatz, Kunden).

Der dadurch ausgelöste tief greifende Veränderungsprozess vollzieht sich entsprechend Bild 2 in sieben typischen Phasen, die wie folgt beschrieben werden können (siehe dazu Pocket Power: Coachingtechniken):

1. Schock, Überraschung:

Hier findet eine Konfrontation mit unerwarteten Rahmenbedingungen statt (z.B. schlechte Geschäftsergebnisse). Die wahrgenommene eigene Kompetenz sinkt, denn die eigenen Handlungsentwürfe eignen sich für die neuen Bedingungen nicht.

2. Verneinung, Ablehnung:

An dieser Stelle werden Werte und Paradigmen aktiviert, die die Überzeugung stärken, dass eine Veränderung nicht vorgenommen werden muss. Die wahrgenommene eigene Kompetenz steigt wieder, denn die veränderten Bedingungen werden nicht als Notwendigkeit zur Veränderung der eigenen Handlungsweisen angesehen.

3. Rationale Einsicht:

Die Notwendigkeit zur Veränderung wird erkannt, wodurch die eigene Kompetenz absinkt. Es werden auf kurzfristigen Erfolg zielende Lösungen gesucht, womit häufig nur die Symptome behandelt werden. Der Wille, eigene Verhaltensweisen zu verändern, ist nicht vorhanden.

4. Emotionale Akzeptanz:

Diese Phase wird auch als Krise (griech.: entscheidende Wendung) bezeichnet. Die Krise birgt Chancen und Risiken. Wird die Bereitschaft geweckt, Werte und Verhaltensweisen in Frage zu stellen, können ungenutzte Potenziale unter den veränderten Rahmenbedingungen erschlossen werden. Gelingt es jedoch nicht, kann es zu einer erneuten Ablehnung der Situation kommen und der Veränderungsprozess wird verlangsamt oder gestoppt.

5. Ausprobieren, Lernen:

Die emotionale Akzeptanz zur Veränderung setzt die Bereitschaft für einen Lernprozess in Gang. Es können die entsprechenden neuen veränderten Verhaltensweisen ausprobiert und geübt werden. Dabei gibt es Erfolge und Misserfolge. Die wahrgenommene eigene Kompetenz steigt erst durch kontinuierliches Ausprobieren und Üben.

6. Erkenntnis:

Beim Üben werden immer mehr Informationen gesammelt. Diese geben Aufschluss darüber, in welchen Situationen die neuen Verhaltensweisen angemessen sind. Dies führt zu einer Erweiterung des Bewusstseins. Das erweiterte Verhaltensrepertoire ermöglicht eine größere Verhaltensflexibilität. Die wahrgenommene eigene Kompetenz steigt über das Niveau vor der Veränderung.

7. Integration

Die neuen Denk- und Verhaltensweisen werden völlig integriert, so dass sie als selbstverständlich erachtet und weitgehend unbewusst vollzogen werden.

Bild 3: *Beschreibung der Veränderungsphasen*

3 Widerstände gegen Veränderung

3.1 Symptome für Widerstand

Entsprechend den Bildern 2 und 3 werden Veränderungsvorhaben zunächst von den meisten Mitgliedern einer Organisation abgelehnt. Diese Ablehnung kann sich auf unterschiedliche Weise zeigen. Bild 4 fasst die typischen Symptome von Widerständen zusammen.

Typische Anzeichen für den Widerstand können sich beispielsweise in lustlos geführten Sitzungen oder stockenden Entscheidungsprozessen manifestieren. Es wird endlos über nebensächliche Details debattiert und kein „roter Faden“ verfolgt. Ebenso die auffallende Zurückhaltung sonst aktiver

	verbal (Reden)	**nonverbal** (Verhalten)
aktiv (Angriff)	**Widerspruch** Gegenargumentation Vorwürfe Drohungen Polemik sturer Formalismus	**Aufregung** Unruhe Streit Intrigen Gerüchte Cliquenbildung
passiv (Flucht)	**Ausweichen** Schweigen Bagatellisieren ins Lächerliche ziehen Unwichtiges debattieren	**Lustlosigkeit** Unaufmerksamkeit Müdigkeit Fernbleiben innere Emigration Krankheit

Bild 4: *Symptome für Widerstand*

Quelle: nach Doppler 2002.

Mitarbeiter oder unklare Aussagen sind typisch für eine Kontra-Einstellung der Betroffenen. Auf Unternehmensebene äußert sich Widerstand häufig in hohen Krankenständen, Fehlzeiten, Gerüchten und Intrigen. Ein abteilungsübergreifender Papierkrieg, hohe Ausschussraten und Pannen können weitere Indizien sein (dazu Doppler 2002).

3.2 Widerstandsmuster

Veränderungen werden als persönliche und sachliche Risiken vom Einzelnen wahrgenommen. Sie lassen sich entsprechend Bild 5 in Gruppen klassifizieren. Mit persönlichen Risiken werden beispielsweise Jobverlust, Statuseinbußen oder weniger Einkommen assoziiert. Sachliche Risiken bezeichnen dabei, dass die Veränderungsmaßnahme keine Effizienzstei-

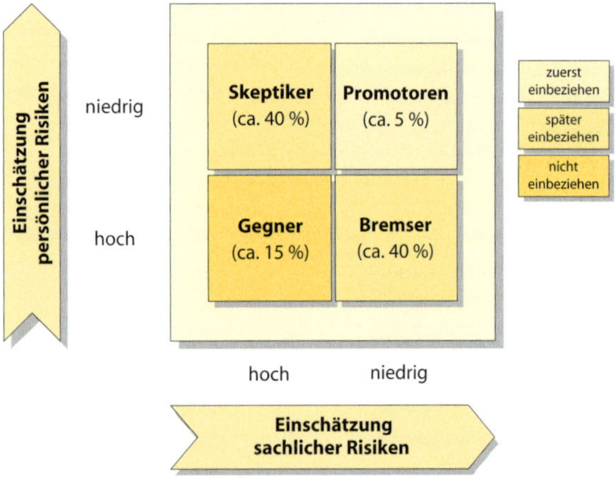

Bild 5: *Akzeptanzmatrix*

Quelle: nach Mohr et al. 1998.

gerung und keine Verbesserung des bis dato vorherrschenden Status quo erbringt.

Eine anfangs nur ca. 5 % umfassende Gruppe im Unternehmen sind die *Promotoren*. Sie schätzen die sachlichen und persönlichen Risiken als gering ein und befürworten und unterstützen den Veränderungsprozess. Dieser risikofreudige Personenkreis sollte von Anfang an in den Transformationsprozess integriert werden.

Skeptiker bewerten sachliche Risiken als außerordentlich hoch und wenden sich mit Sachargumenten gegen den Veränderungsprozess. Sie sind skeptisch hinsichtlich der Wirksamkeit der beabsichtigten Maßnahmen oder befürchten eine Verschlechterung der Situation. Skeptiker müssen von der Notwendigkeit der Veränderungsmaßnahme überzeugt werden.

Bremser schätzen das persönliche Risiko wie z. B. den Arbeitsplatzverlust hoch ein. Sie stehen der Veränderung, obwohl sie die Notwendigkeit erkennen, äußerst negativ gegenüber. Sie befürchten, Verlierer der Umgestaltung zu werden. Häufig verbergen sich Bremser unter dem Deckmantel des Skeptikers. Diese kaschieren mit Sachargumenten ihre Angst vor der eigenen Verantwortung. Bremsern müssen die persönlichen Vorteile der Veränderungsmaßnahme verdeutlicht werden, um sie zur aktiven Mitarbeit zu bewegen.

Gegner fürchten persönliche und sachliche Risiken. Die Notwendigkeit der Veränderungsmaßnahmen wird ebenso wie ihre persönliche Zukunft als nicht überzeugend eingeschätzt und veranlasst sie, ihren aktuellen Status aggressiv zu verteidigen oder sogar das Unternehmen zu verlassen. Diese Mitarbeiter sind nur durch Erfolge in ihrer Meinung zu beeinflussen und bei der Mitarbeit kritisch zu beobachten.

4 Vorgehen beim Change Management

4.1 Typische Fehler bei Veränderungen

Kotter analysierte zahlreiche Veränderungsinitiativen von Unternehmen. Er stellte fest, dass im Wesentlichen acht Fehler für das Scheitern von Veränderungen verantwortlich sind. Diese werden im Folgenden beschrieben.

4.1.1 Duldung von zu viel Selbstherrlichkeit

Das Management signalisiert den Beschäftigten zu Beginn einer Unternehmenstransformation nicht die notwendige Dringlichkeit des Vorhabens. „Zu viele Erfolge in der Vergangenheit, das Fehlen sichtbarer Krisen, niedrige Leistungsstandards, ungenügendes Feedback von externen Auftraggebern sowie Kunden…“ ermöglichen eine Verharmlosung der Realität. Dies äußert sich durch Phrasen wie: „Das haben wir schon immer so gemacht, warum sollen wir es diesmal anders machen?“ oder „Ja, die Situation ist mal wieder schwierig, aber das wird schon wieder!“ Zu lange und zu selbstherrlich wird am Status quo festgehalten oder es wird versucht, die Veränderungen ohne die Beteiligung der Mitarbeiter und Kollegen voranzutreiben.

4.1.2 Keine Führungskoalition

Fehlt eine starke Führungskoalition aus den ersten Reihen des Unternehmens, so scheitern Veränderungsvorhaben. Denn ohne die erforderliche Autorität kann das massive Trägheitspotenzial nicht überwunden werden.

4.1.3 Unterschätzen der Kraft der Vision

„Die Vision spielt eine Schlüsselrolle bei der Durchführung eines sinnvollen Wandels, weil sie hilft, Handlungen unter der Berücksichtigung vieler Beteiligter zu planen, abzugleichen und anzuregen." Fehlt eine klare, verständliche und überzeugende Vision, so fehlt dem gesamten Veränderungsvorhaben die wegweisende Richtung. Es folgen zeitintensive und häufig nutzlose Einzelprojekte, die zu versanden drohen, da die eindeutige Direktive fehlt.

4.1.4 Mangelnde Kommunikation der Vision

Wandel ist nahezu unmöglich, wenn die Mehrheit der Beschäftigten die Vision nicht verstanden und verinnerlicht hat. Die Mitarbeiter werden nur dann bereit sein, Verzicht zu üben und Engagement zu zeigen, wenn ihnen der Wandel nützlich und durchführbar erscheint. Dieses sowohl rationale als auch emotionale Verständnis kann nur zustande kommen, wenn den Mitarbeitern die Vision rechtzeitig und plausibel kommuniziert wird. Häufig wird die Vision jedoch nur unzureichend vermittelt und auf das Feedback der Beschäftigten kein Wert gelegt.

4.1.5 Visionsblockierende Hindernisse

Viele Transformationsbewegungen scheitern an entmutigten Mitarbeitern, die während ihrer Veränderungsbemühungen auf organisatorische Blockaden stoßen. Restriktive Dokumentationsanforderungen und starre Ablaufbeschreibungen verhindern die flexible Anpassung an neue Zielsetzungen. Bewertungs- oder Vergütungssysteme, die ein nicht mehr adäquates Verhalten belohnen, halten die Beschäftigten davon ab, ihr Verhalten an den neuen Zielen auszurichten. Versäumt man es, sich mit solchen Barrieren auseinander zu setzen, so sinkt die Veränderungsbereitschaft der Beschäftigten und Veränderungsbestrebungen werden blockiert.

4.1.6 Fehlende Planung kurzfristiger Erfolge

Der Zeithorizont von Veränderungsprozessen beträgt gewöhnlich mehrere Jahre. Oftmals bleibt dabei die Planung kurzfristig realisierbarer Erfolge auf der Strecke. Es werden zwar meist Zwischenziele festgelegt, aber ob diese tatsächlich erreicht werden können, bleibt fraglich. Für die Motivation der Mitarbeiter ist es aber sehr wichtig, dass tatsächlich Zwischenergebnisse realisiert und gefeiert werden können. Das Fehlen kurzfristig sichtbarer Siege führt zunehmend zum Widerstand der Beschäftigten gegen die Veränderungen.

4.1.7 Verfrühte Erklärung des Sieges

Der Veränderungsprozess wird oft verfrüht für beendet erklärt, meist schon, nachdem die ersten Leistungsoptimierungen erreicht worden sind. Dadurch wird verhindert, dass die veränderten Handlungs- und Denkweisen dauerhaft in der Unternehmenskultur verankert werden.

4.1.8 Veränderungen werden nicht in der Unternehmenskultur verankert

Transformation ist nur dann beständig, wenn „neue Verhaltensweisen in sozialen Normen und gemeinsamen Werten manifestiert sind...“. Entfällt die Verankerung in der Unternehmenskultur, so sind die Veränderungen nicht stabil angelegt. Die Macht der Gewohnheit führt dazu, dass die alten Verhaltensweisen schnell wieder aufflammen.

4.2 Veränderungsverfahren

In Zukunft wird es darauf ankommen, die traditionellen Aufbau- und Ablauforganisationen zu einem ganzheitlichen Konzept von Mensch, Prozess und Information zusammenzufügen und Netzwerke, bestehend aus kleinen schlagkräftigen Teams, zu entwickeln. Dies erfordert von den Menschen Fähigkeiten für den adäquaten Umgang mit Veränderungsprozessen. Neben der Innovationsfähigkeit einiger genialer Köpfe bedarf es dafür der Lernbereitschaft und kreativen Wandlungsfähigkeit jedes einzelnen Mitarbeiters.

Unter **Change Management** ist daher ein Prozess der kontinuierlichen Planung und Realisierung von tief greifenden Veränderungen zu verstehen. Im Zentrum aller Aktivitäten steht der Mensch (sowohl **Führungskraft** als auch **Mitarbeiter**), denn tief greifende Veränderungen sind von der Verhaltensänderung jedes Einzelnen abhängig. Dieser generiert, selektiert oder transferiert aufgrund seiner Fähigkeiten Wissen, mit dem Veränderungen begründet, aber auch abgelehnt werden können.

In den vergangenen Jahren haben einige Unternehmen ihre Veränderungsvorhaben nur auf einzelne Unternehmensfaktoren beschränkt. Das hatte zur Folge, dass Akquisitionen die erhofften Synergieeffekte nicht entfalteten, aufwendige Reengineering-Programme zu lange dauerten und dramatische Verschlankungen die Kosten nicht unter Kontrolle bekamen.

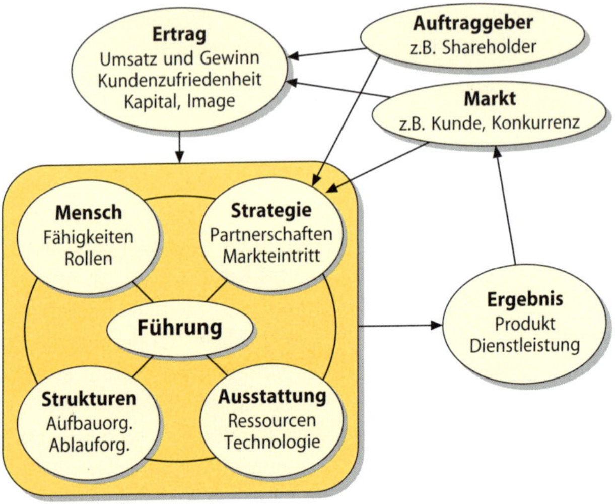

Bild 6: *Veränderungsfaktoren*

Quelle: in Anlehnung an Mayrshofer 1999.

Für die erfolgreiche Gestaltung von Veränderungsprozessen ist es notwendig, eine umfassende Sicht auf das Unternehmen und seine Umgebung zu werfen. Das Ziel des Veränderungsprozesses kann vielfältig sein, zu berücksichtigen sind jedoch immer die gleichen Veränderungsfaktoren (Bild 6). Zunächst ist es wichtig, entsprechend des Marktes (z. B. Kunden, Konkurrenten) und/oder des Auftraggebers (z. B. Shareholder) eine klare Strategie und Ziele zu formulieren. Diese haben Einfluss auf die Struktur (Aufbau- und Ablauforganisation), die Ausstattung (Technologie, Budget) und die betroffenen Mitarbeiter. Die Führungskräfte haben die Aufgabe, entsprechend Bild 6 die miteinander verknüpften Faktoren zu steuern.

Die besondere Herausforderung für das Change Management ist es, alle Faktoren zu berücksichtigen und verschiedene Methoden zur Qualitäts- und Produktivitätssteigerung miteinander zu verbinden und in Balance zu halten, so dass alle Beteiligten (z.B. Kunde, Mitarbeiter, Shareholder) mit dem Ertrag zufrieden sind. Was bei der Gestaltung von Veränderungsprozessen berücksichtigt werden muss, erfahren Sie im folgenden Kapitel.

4.3 Management von Veränderungsprozessen

Planung, Realisierung und die nachhaltige Förderung von tief greifenden Veränderungen in Unternehmen benötigen:

1. Herausragende Führung
2. Einen stufenweisen Veränderungsfahrplan
3. Stufenweise flexibel einsetzbare Methoden

Herausragende Führung

Tief greifende Veränderungsprozesse werden in erster Linie von Unternehmerpersönlichkeiten initiiert, die schnell und phantasievoll auf neue Herausforderungen reagieren, z.B. indem sie:

- frühzeitig neue Geschäftsfelder erschließen,
- Unternehmensstrukturen verändern,
- Bedürfnisse bei Kunden wecken,
- Schlüsselpositionen mit geeigneten Mitarbeitern besetzen und
- Mitarbeiter für ihre Ideen begeistern.

Jack Welch (General Electric), Lou Gerstner (IBM), Jorma Ollila (Nokia) und Wendelin Wiedeking (Porsche) sind Beispiele für Führungspersönlichkeiten, die in der Lage waren/sind, Veränderungen zu initiieren und ihre Unternehmen zu wirtschaftlichem Erfolg zu führen.

- Tief greifende Veränderungen können jedoch nicht von einer einzigen heldenhaften Persönlichkeit herbeigeführt, sondern müssen mit einer starken Veränderungsführungskoalition und schließlich von jedem einzelnen Mitarbeiter vollzogen werden.
- Nur begeisterte Mitarbeiter sind bereit, die neuen Ideen schnell zu realisieren. Durch ständige Reflexion der eigenen Verhaltensweisen in einer neuen oder neu zu gestaltenden Situation bzw. durch das konstruktive Auseinandersetzen mit konkreten Zielen und Problemlösungen kann eine Kultur des organisationalen Lernens entwickelt und aufrechterhalten werden.

Herausragende Führungskräfte antizipieren die Zukunft, begeistern Menschen von ihrer Vision, mobilisieren Engagement, wecken Bedürfnisse, gestalten Zusammenarbeit und schaffen Strukturen, in denen die Mitarbeiter ihren eigenen Handlungsbereich selbstverantwortlich ausfüllen können.

Stufenweiser Veränderungsfahrplan

Für die Gestaltung tief greifenden Wandels reicht es nicht aus, eine neue Unternehmensvision zu entwickeln. Es gilt vielmehr, die Phasen von Veränderungsprozessen (Bilder 2 und 3) gesteuert zu durchlaufen. Dafür schlagen wir entsprechend Bild 7 den Sieben-Stufen-Veränderungsfahrplan vor (nach Kotter 1996):

1. Bewusstsein für dringenden Veränderungsbedarf schaffen

- Markt und Wettbewerbssituation untersuchen und bewerten
- Chancen und Risiken erkennen
- Potenzielle Krisen antizipieren
- Konsequenzen frühzeitig ableiten

2. Visionär führen und messbare Strategie entwickeln

- Gruppe zusammenstellen, die genügend Überzeugung, Kompetenz und Macht besitzt, den Wandel zu gestalten
- Vision schaffen, die für die Veränderungsbestrebung richtungsweisend ist
- Strategie entwickeln, die zur Realisierung der Vision beiträgt
- Kennzahlen, Zielerreichungsgrade und Aktionsprogramme ableiten

3. Vision und Strategie kommunizieren

- Jede Möglichkeit nutzen, die Vision und Strategie zu kommunizieren
- Die Führungskoalition lebt vor, was sie von den Mitarbeitern erwartet (Vorbildwirkung)

4. Kurzfristig sichtbare Erfolge planen

- Große Projekte in kleine Pakete bzw. Aktivitäten zerlegen, dadurch können sichtbare Leistungsverbesserungen geplant werden
- Erfolge kommunizieren und Mitarbeiter dafür belohnen

5. Prozessorientierte Steuerung der Veränderung durch Mitarbeiter

- Strukturen auf die veränderten Rahmenbedingungen ausrichten
- Mitarbeiter an der Neugestaltung beteiligen und Hindernisse beseitigen
- Zu Risikobereitschaft, Eigeninitiative und konkreten Handlungen ermutigen

6. Erfolge konsolidieren und Veränderungen institutionalisieren

- Wachsende Glaubwürdigkeit nutzen, um alle Strukturen und Verfahren, die nicht zur Verwirklichung der Vision beitragen, zu verändern
- Mitarbeiter entwickeln, befördern und neue einstellen, die den Wandel realisieren können
- Den Veränderungsprozess mit neuen Projekten, Themen und Impulsen in Gang halten und beleben

7. Neue Verhaltensweisen kultivieren

- Neues Verhalten ist verwurzelt in den sozialen Normen und Werten
- Beziehung zwischen verändertem Verhalten und Unternehmenserfolg herausstellen
- Maßnahmen entwickeln, die die Führungsentwicklung und -nachfolge sicherstellen

Bild 7: *Sieben-Stufen-Veränderungsfahrplan*

Stufenweise flexibel einsetzbare Methoden

Stufe 1: Bewusstsein für Veränderungsbedarf schaffen

Fragen: Wo stehen wir? Welche Potenziale gibt es?

Um bereits vor Einsetzen einer Krise den entsprechenden Veränderungsbedarf zu erkennen, bedarf es Zahlen, Daten, Fakten und Stimmungen, die die vorhandenen Potenziale aufdecken können, so dass ein Problembewusstsein für den dringenden Veränderungsbedarf geweckt wird.

Mit Hilfe des EFQM-Modells für Business Excellence kann die Ist-Situation und Leistungsfähigkeit des Unternehmens von Führungskräften und Mitarbeitern selbst bewertet werden. Durch die umfassende, systematische und regelmäßige Überprüfung der eigenen Tätigkeiten und Ergebnisse werden Verbesserungspotenziale zur strategischen und operativen Planung aufgezeigt.

Stufe 2: Visionär führen und Strategie entwickeln

Frage: Wohin wollen wir uns verändern?

Da es schwierig ist, tief greifenden Wandel zu realisieren, ist es notwendig, eine Gruppe von Führungspersönlichkeiten zusammenzustellen, die genügend Überzeugung, Sachkenntnis und Macht haben, den Veränderungsprozess zu forcieren. Diese Gruppe sollte an der Entwicklung von Vision und Strategie mitwirken. Mit einer effektiven Vision und überzeugenden Strategie werden den Mitarbeitern Richtung und Sinn der Veränderungen transparent.

Mit Hilfe der Methodik der Balanced Scorecard kann die Gruppe eine Vision entwickeln, gemeinsam eine Strategie ableiten und diese in konkrete Aktionsprogramme verwandeln.

Stufe 3: Vision und Strategie kommunizieren

Frage: Wie werden Informationen optimal vermittelt?

Jedem Mitarbeiter müssen Vision und Strategie vertraut sein. Dafür müssen sie entsprechend kommuniziert werden. Führungskräfte haben hier eine Vorbildfunktion und entscheiden über das Gelingen oder Scheitern des Veränderungsvorhabens. Gehen sie als treibende Kraft bei Veränderungen voraus und schaffen das nötige Vertrauen bei ihren Mitarbeitern, ist das Fundament für das Veränderungsvorhaben gelegt.

Die integrative Kommunikation ist die Basis zur Schaffung eines Wir-Gefühls und daraus folgende progressive Aktivitäten der Mitarbeiter.

Stufe 4: Kurzfristig sichtbare Erfolge planen

Frage: Wie werden erste Erfolge sichtbar gemacht?

Es gibt eine Reihe von Möglichkeiten Erfolge sichtbar zu machen. Am effektivsten hat sich die Methodik des Projektmanagements erwiesen.

Große komplexe Probleme können in überschaubare kleine Arbeitspakete zerlegt und konsequent abgearbeitet werden. Erfolge sind dadurch planbar und können belohnt werden. Dabei darf das Gefühl der Selbstzufriedenheit jedoch nicht überhand nehmen.

> Für das Planen und Durchführen von Veränderungsvorhaben ist Projektmanagement eine unverzichtbare Methode.

Stufe 5: Prozessorientierte Steuerung

Frage: Wie können die Prozesse optimiert werden?

Erst bei näherer Betrachtung fällt auf, wie schwerfällig und selbstzerstörerisch viele bestehende Abläufe im Unternehmen sind. Es ist wichtig, dass die Mitarbeiter ihre Abläufe selbst analysieren und verbessern. Sie kennen am besten die darin enthaltenen Potenziale.

> Ein konsequentes Prozessmanagement unterstützt den Veränderungsprozess.

Stufe 6: Erfolge konsolidieren und Veränderungen institutionalisieren

Frage: Wie werden die Mitarbeiter eingebunden und wie wird der Veränderungsprozess institutionalisiert?

Die in Stufe 4 und 5 initiierten Programme werden zunächst als Projekt gestartet, müssen dann aber wie ein kontinuierlicher Verbesserungsprozess (KVP) (Pocket Power: Der Kontinuierliche Verbesserungsprozess) in die tägliche Routinearbeit einfließen, so dass ein Lernprozess in Gang gesetzt wird. Dafür müssen die richtigen Personen an der richtigen Stelle zusammenarbeiten.

> Als Methode eignet sich hier die Entwicklung von Hochleistungs-Teams.

Stufe 7: Neue Verhaltensweisen kultivieren

Frage: Wie wird die mentale Veränderung realisiert?
Die neuen Verhaltensweisen müssen in der Unternehmenskultur verankert und das Selbstwertgefühl jedes Einzelnen muss ausgebaut werden.

Durch effektive Selbstführung wird die Fähigkeit zu selbstverantwortlichem Handeln weiterentwickelt.

Um tief greifenden Wandel zu gestalten, muss jede der sieben Stufen komplett durchlaufen werden. Dabei ist es wichtig, bekannte oder neue Instrumente und Methoden zielorientiert einzusetzen und miteinander zu verknüpfen. In Tab. 1 sind für die oben beschriebenen Stufen die Ziele mit der jeweiligen Fragestellung und einer geeigneten Methode zusammenfassend dargestellt.

Stufe	relevante Frage	Ziel	Methode
1	Wo stehen wir? Was genau ist das Problem?	Kenntnis über: • das relevante Umfeld • die interne Situation	Selbstbewertung nach EFQM
2	Wohin wollen wir uns verändern?	Vision entwickeln Ziele klar formulieren Kennzahlen definieren	Balanced Scorecard
3	Wie werden Wissen und Informationen optimal vermittelt?	vertrauensvolle und zielgerichtete Information und Kommunikation	Integrative Kommunikation

Tab. 1: *Einsatz von Methoden im Sieben-Stufen-Veränderungsfahrplan*

Stufe	relevante Frage	Ziel	Methode
4	Wie werden erste Erfolge sichtbar gemacht?	Veränderungen aufzeigen Motivation fördern	Projektmanagement
5	Wie werden die Prozesse beschrieben und optimiert?	Transparenz der Prozesse Prozessoptimierung	Prozessmanagement
6	Wie wird der Veränderungsprozess institutionalisiert und die Mitarbeiter eingebunden?	Kontinuierlichen Verbesserungsprozess etablieren Identifikation mit den neuen Zielen, Rollen und Aktivitäten herstellen	KVP, Hochleistungsteams
7	Wie wird die mentale Veränderung gewährleistet?	Selbstverantwortliches Handeln und gute Arbeits-Beziehungen fördern	Effektive Selbstführung

Tab. 1: *Einsatz von Methoden im Sieben-Stufen-Veränderungsfahrplan (Fortsetzung)*

5 Methoden für Change Management

Unternehmen bestehen in erster Linie aus Menschen, die miteinander in Wechselwirkung stehen. Die besondere Herausforderung des 21. Jahrhunderts wird es sein, die Menschen zu befähigen, zu ermutigen und zu ermächtigen, Veränderungen proaktiv zu gestalten, Kreativität im Team zu entfalten, bereichsübergreifend zusammenzuarbeiten und Spaß an ihrer Arbeit zu haben. Spitzenleistungen sind nur mit **kreativen, selbstbewussten und kooperativen** Menschen zu erreichen. Dafür müssen Führungskräfte Visionen schaffen, zielgerichtet Entscheidungen treffen, Bedürfnisse erkennen und Engagement mobilisieren.

Im Folgenden werden entsprechend Bild 8 und Bild 9 sieben Methoden zur Gestaltung von Veränderungsprozessen vorgestellt. Es werden jeweils die theoretischen Grundlagen, die Ziele und die prinzipielle Vorgehensweise beschrieben und Hinweise zur Anwendung einzelner Instrumente gegeben.

Die hier vorgestellten Methoden haben sich in der Praxis besonders bewährt und sind zudem hochaktuell. Sie können die Methoden auch unabhängig voneinander nutzen. Wichtig ist es in jedem Fall, die sieben Stufen des Veränderungsfahrplans zu berücksichtigen und die im Veränderungsprozess benutzten Methoden miteinander zu verknüpfen, so dass eine Evaluation möglich ist.

So helfen die in diesem Pocket Power vorgestellten Methoden, Ihren Veränderungsprozess erfolgreich zu gestalten. Sie brauchen Beharrlichkeit, Geduld und eine neue Sichtweise auf Ihre Umgebung sowie den Willen, Verhaltensweisen konsequent und kontinuierlich zu reflektieren und ggf. zu verändern.

5.1 Stufe 1: Selbstbewertung nach dem EFQM Excellence-Modell

WORUM GEHT ES?

Für die Gestaltung von Veränderungsprozessen empfiehlt es sich, mit Hilfe der Kriterien des EFQM-Modells für Business Excellence (Bild 8) (siehe dazu Pocket Power European Quality Award) eine umfassende Sicht auf das Unternehmen und seine Umgebung zu werfen.

Das EFQM Excellence-Modell ist ein Unternehmensbewertungsmodell, mit dessen Hilfe die Leistungsfähigkeit eines Unternehmens beurteilt werden kann. Es bietet dafür neun Kriterien, die in Befähiger- und Ergebniskriterien unterschieden werden.

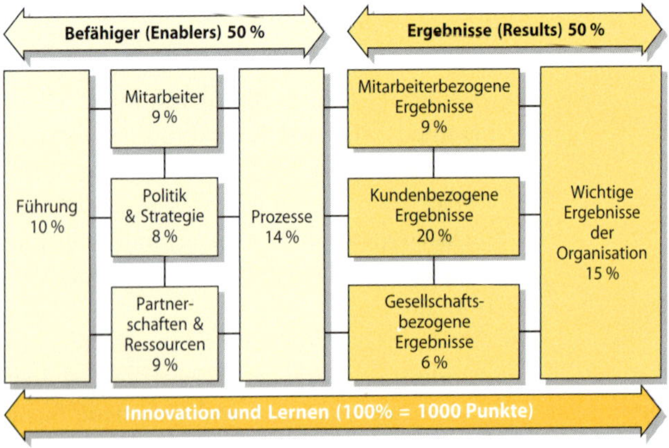

Bild 8: *Das EFQM Excellence-Modell*

Quelle: EFQM.

Dabei behandeln die Befähiger, was eine Organisation im Hinblick auf den zielgerichteten Einsatz ihrer Potenziale unternimmt. Die Ergebnisse betrachten hingegen die Leistungen, die eine Organisation in diesem Zusammenhang erzielt.

Die einzelnen Kriterien gehen mit unterschiedlicher Gewichtung in die Gesamtbewertung ein. Maximal können 1000 Punkte erreicht werden, 500 Punkte auf der Befähigerseite und 500 Punkte auf der Ergebnisseite. Mit 20 Prozent der Punkte erhält die Kundenzufriedenheit die höchste Gewichtung. Hier können maximal 200 Punkte erreicht werden.

Es gibt fünf Befähiger-Kriterien. Jedes hat zwischen vier und sechs Unterkriterien. Im Folgenden werden die fünf Hauptkategorien kurz beschrieben.

Kriterium 1: Führung

Das erste Kriterium befasst sich mit der Führung und dem Führungsverhalten auf dem Weg zur Business Excellence. Entscheidend ist, wie die Führungskräfte kontinuierliche Verbesserungen initiieren, durchsetzen und im gesamten Unternehmen verbreiten. Gegenstand der Bewertung ist das Engagement der Führung gegenüber Unternehmensexternen wie Kunden, Partnern oder Lieferanten sowie die Anerkennung der Leistungen einzelner Mitarbeiter oder ganzer Teams.

Kriterium 2: Politik und Strategie

Politik und Strategie basieren auf gegenwärtigen und zukünftigen Anforderungen und Erwartungen der Interessengruppen. Es müssen ein gemeinsames Leitbild des Unternehmens und die von einer Vision abgeleiteten klar formulierten Ziele vorhanden sein. Es ist daher notwendig zu zeigen, wie ein ganzheitliches Unternehmensführungskonzept in den Entwicklungsprozess von Strategie und Politik eingebunden wird. Ferner muss dargestellt werden, wie sowohl Führung als auch Mitarbeiter die Ressourcen einsetzen und die Prozesse entsprechend Politik und Strategie gestalten. Es muss ein ganzheitlicher Ansatz der Unternehmensplanung erkennbar sein.

Kriterium 3: Mitarbeiter

Die Mitarbeiterorientierung behandelt die Thematik, wie das Unternehmen das Potenzial seiner Mitarbeiter entfaltet, um die Geschäftstätigkeit ständig zu verbessern. Die Bewertung umfasst, auf welche Weise die Mitarbeiterressourcen geplant, wie Kompetenzen und Fähigkeiten weiterentwickelt und die Mitarbeiter in den Zielvereinbarungsprozess einbezogen werden.

Kriterium 4: Partnerschaften und Ressourcen

Im Mittelpunkt steht die Frage, wie die Partnerschaften und Ressourcen gehandhabt und eingesetzt werden, um die Unternehmenspolitik und -strategie zu unterstützen. Darunter fallen alle finanziellen, materiellen Ressourcen und Informationsressourcen sowie Sachanlagen und Technologien. Bei den Technologien dreht es sich allgemein um Prozess- und Produktinnovationen. Dieses Kriterium beinhaltet zudem die Gestaltung und den Umgang mit Partnerschaften (z. B. mit Lieferanten, Kooperationspartnern).

Kriterium 5: Prozesse

Die Prozesse stehen im Mittelpunkt des EFQM Excellence-Modells und haben mit einer Gewichtung von 14 Prozent den größten Anteil an der Bewertung der Befähiger. Behandelt wird die Thematik des Prozessmanagements. Es werden Maßnahmen zur kontinuierlichen Verbesserung der Geschäftsprozesse (wie z. B. Innovations-, Auftragsabwicklungs-, Serviceprozess) sowie zur Umsetzung von Kreativität und Innovationen gefordert.

Die Ergebnisseite beinhaltet vier Ergebniskriterien mit jeweils zwei Unterkriterien.

Kriterium 6: Kundenbezogene Ergebnisse

Die Kundenzufriedenheit hat die höchste Priorität im gesamten Modell, denn sie wird als das am besten geeignete Instrumentarium zur Erreichung von Unternehmensergebnissen angesehen. Hier soll beschrieben werden, welche Anstrengungen das Unternehmen unternimmt, um Kundenzufriedenheit zu erzielen, d. h. inwieweit es dem Unternehmen gelingt, die Anforderungen seiner externen Kunden zu erfüllen. Es muss dargestellt werden, wie die Kundenzufriedenheit systematisch erhoben und analysiert wird. Daraus muss hervorgehen, wie zufrieden die Kunden mit den Leistungen des Unternehmens sind und welche zusätzlichen indirekten Messgrößen aufgenommen werden, die als Indikatoren für den kontinuierlichen Verbesserungsprozess dienen.

Kriterium 7: Mitarbeiterbezogene Ergebnisse

Im Mittelpunkt steht hier die Beurteilung der Leistung des Unternehmens aus Mitarbeitersicht. Wesentliche Beurteilungspunkte sind die Aspekte der Motivation und Zufriedenheit. Neben der direkten Beurteilung durch die Beteiligten können Informationen auch aus indirekten Messgrößen abgeleitet werden. Gängige Größen sind Beschwerde- oder

Fluktuationsdaten sowie die Mitwirkung am Vorschlags- und Verbesserungswesen.

Kriterium 8: Gesellschaftsbezogene Ergebnisse

Hier findet die Beurteilung statt, inwieweit das Unternehmen die Bedürfnisse und Erwartungen der Öffentlichkeit erfüllt. Die Öffentlichkeit stellt bestimmte Erwartungen an ein Unternehmen und beurteilt es anhand seiner Einstellung zur Lebensqualität, seines Beitrags zur sozialen und ökologischen Verantwortung. Ein positives Image spiegelt sich in einem guten Arbeitskräfteangebot, guten Beziehungen zu Gewerkschaften und Behörden wider.

Kriterium 9: Ergebnisse der Organisation

Die dauerhafte Sicherung und Verbesserung der Unternehmensergebnisse sind das Hauptziel, denn diese ermöglichen alle weiteren Aktivitäten von Investitionen bis zur Erhaltung der Arbeitsplätze. Die Ergebnisse stehen in einer starken Beziehung zu dem Kriterium „Prozesse". Während die Ergebnisse Informationen über die Vergangenheit liefern, liefern die Prozesse Informationen über die Zukunft. Das bedeutet, dass sich der Erfolg eines Unternehmens nur teilweise durch die Darstellung finanzieller Messgrößen abbilden lässt. Es sollen daher finanzielle und nicht finanzielle Indikatoren für die Messung des Unternehmenserfolges verwendet werden. Die nicht finanziellen Messgrößen lassen sich als Treiber der finanziellen Ergebnisse interpretieren.

WAS BRINGT ES?

Das EFQM Excellence-Modell ist die Grundlage für die Bewerbung um den europäischen Qualitätspreis, EQA. Der Einsatzbereich des Modells ist jedoch sehr viel umfangreicher, der Nutzen wesentlich größer. Die Unternehmen erhalten ein Instrumentarium. Damit können sie sich selbst bewerten und prüfen, ob ihr Vorgehen zur Erfüllung der Erwartungen von Kunden, Mitarbeitern und Partnern führt. Das umfassende, systematische und regelmäßige Überprüfen der eigenen Tätigkeiten und Ergebnisse hilft, Verbesserungspotenziale für die strategische und operative Planung aufzuzeigen. Frühzeitig werden Handlungsfelder ermittelt, in denen Veränderungen vorgenommen werden müssen, um auch zukünftig wettbewerbsfähig zu bleiben. Es wird ein Problembewusstsein bzgl. der Notwendigkeit für Veränderungsmaßnahmen erzeugt.

Regelmäßig durchgeführt, kann eine ständige Verbesserung der Unternehmensaktivitäten erreicht werden.

Die Selbstbewertung nach den Kriterien des EFQM Excellence-Modells bietet folgende Vorteile:

- Ist-Zustand des Unternehmens ermitteln.
- Stärken und Schwächen des Unternehmens sichtbar machen und Verbesserungspotenziale erkennen können.
- Anstoß zu strukturierten und geplanten Verbesserungsaktivitäten im Unternehmen.
- Systematische, auf Fakten basierende Bewertung anstatt subjektiver Wahrnehmungen.
- Vergleichbarkeit mit Ergebnissen anderer Unternehmen, da das Modell europaweit anerkannt ist.
- Reproduzierbare, über die Zeit beobachtbare Diagnosen.

- Anwendung auf alle Unternehmensbereiche und in allen Unternehmensebenen.
- Ansatzpunkt für umfassende Verbesserungen.

WIE GEHE ICH VOR?

Für die Durchführung einer Selbstbewertung im Unternehmen muss zunächst entsprechend Bild 9 das Engagement des obersten Führungsteams sichergestellt werden. Ist die Bereitschaft des Top-Managements zur aktiven Beteiligung und Förderung vorhanden, kann mit der Planung der Selbstbewertung begonnen werden. Bewertungsteams müssen gebildet und ihre Mitglieder gesondert geschult werden. Die Teams sollten sich aus Vertretern aller Managementebenen und betrieblichen Funktionen zusammensetzen. Dabei empfiehlt es sich, für jedes Kriterium ein Bewertungsteam zu bilden.

Bei der eigentlichen Bewertung müssen vorhandene Stärken und Schwächen identifiziert und Verbesserungsmaßnahmen abgeleitet werden. Wesentlich sind die Verbesserungsbereiche, die sich auf das Kerngeschäft des Unternehmens beziehen. Daher können an dieser Stelle strategische Ziele mit Hilfe der Balanced Scorecard entwickelt werden. Anschließend wird ein Aktionsplan erarbeitet, der die beschlossenen Verbesserungsmaßnahmen zum Inhalt hat. Im Rahmen der Fortschrittskontrolle werden diese Maßnahmen auf Umsetzung und Wirksamkeit überprüft. Die Selbstbewertung ist kein einmaliger, sondern ein regelmäßig stattfindender Vorgang.

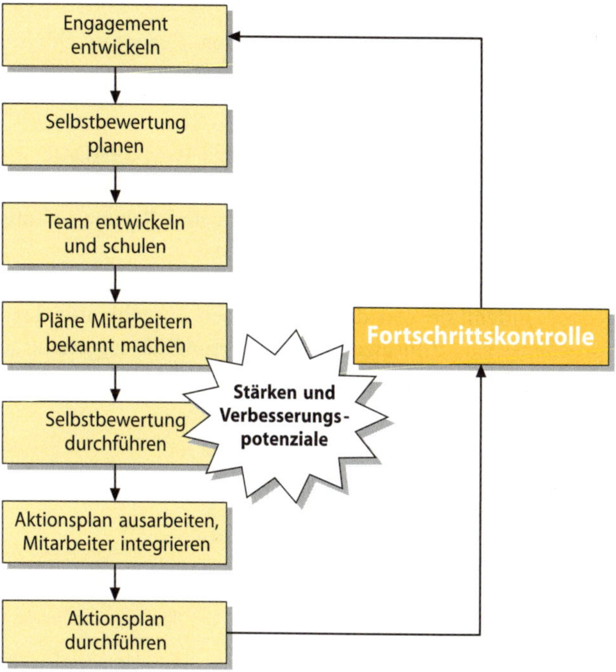

Bild 9: *Allgemeine Vorgehensweise bei der Selbstbewertung*

Quelle: EFQM

Die Selbstbewertung kann auf unterschiedliche Weise durchgeführt werden. Die Wahl der Methode hängt stark von den verfolgten Zielen und den zur Verfügung stehenden Ressourcen ab. Mögliche Methoden können z. B. sein (Pocket Power European Quality Award):

- Fragebogen
- Workshop

- Mitarbeitergespräche
- Simulation der Bewerbung um den European Quality Award (EQA)

Die Bewertung erfolgt nach dem so genannten RADAR-Prinzip mittels der RADAR-Matrix. Das Wort „RADAR" ist ein Akronym für die englischen Bezeichnungen Results, Approach, Deployment sowie Assessment und Review, woraus sich die einprägsame Abkürzung ergibt.

Die Bewertung ist nach einer PDCA-Logik (Bild 34) aufgebaut, indem sie von den Ergebnissen ausgeht und dazu Vorgehensweise, Umsetzen und Bewertung als folgerichtige Schritte einsetzt (Bild 10).

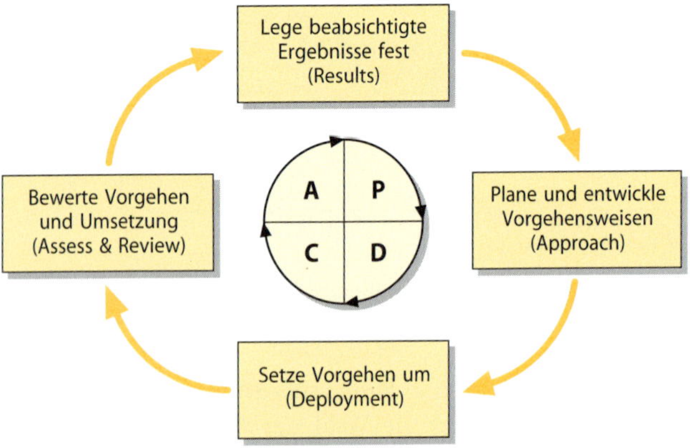

Bild 10: *RADAR-Bewertung im PDCA-Zyklus*

Quelle: EFQM 2001

Results (Ergebnisse)

Die Ergebnisse zeigen, was eine Organisation mit Hilfe ihrer Politik und Strategie erreicht hat. Exzellente Organisationen werden positive Trends aufweisen. Die Leistung lässt sich mit anderen Unternehmen vergleichen und ist auf das Vorgehen zurückzuführen. Vom Umfang her werden die relevanten Gebiete abgedeckt.

Approach (Vorgehen)

Das Vorgehen verdeutlicht, was die Organisation plant und welche Gründe dahinter stecken. In einer exzellenten Organisation ist die Vorgehensweise klar begründet, es werden wohldefinierte und gestaltete Prozesse vorhanden und das Vorgehen auf die Interessengruppen ausgerichtet sein. Politik und Strategie werden unterstützt. Sofern zweckmäßig, besteht eine Verknüpfung mit anderen Vorgehensweisen.

Deployment (Umsetzung)

Hier wird gefragt, was eine Organisation unternimmt, um geplante Vorgehensweisen umzusetzen. In exzellenten Unternehmen erfolgt die Umsetzung systematisch und in allen relevanten Bereichen.

Assessment und Review (Bewertung)

Hier wird darauf Bezug genommen, wie die Organisation die Überprüfung und Bewertung des Vorgehens gewährleistet. Exzellente Organisationen werden ihre Vorgehensweise und die Umsetzung regelmäßig überprüfen und Lernaktivitäten etablieren, um darauf aufbauend Verbesserungsmaßnahmen abzuleiten und umzusetzen.

R	A	D	A R
Results	***Approach***	***Deployment***	***Assess & Review***
Bewerten der ***Ergebnisse*** einer Organisation	Bewertung der ***strategischen*** Planung einer Organisation	Bewertung der ***Umsetzung*** von geplanten Aktivitäten	Bewertet das Vorgehen beim ***Bewerten*** und Verbessern von Aktivitäten

Bild 11: *Bewertungssystematik RADAR*

Quelle: EFQM 2001

Zur praktischen Durchführung der Bewertung wird eine Matrix benutzt, die folgenden prinzipiellen Aufbau hat. Sie soll dazu dienen, getroffene Feststellungen zu quantifizieren. Dazu werden in der ausführlichen Darstellung die einzelnen Bewertungspunkte noch wesentlich detaillierter behandelt.

Grobschema für Nachweise	R	A	D	A R
	Results	***Approach***	***Deployment***	***Assessment & Review***
0 %	keine	keine	keine	keine
0 – 25 %	einige	einige	einige	einige
25 – 50 %	für viele	vorhanden	vorhanden	vorhanden
50 – 75 %	für die meisten	klare	klare	klare
75 – 100 %	für alle	umfangreiche	umfangreiche	umfangreiche

Bild 12: *Bewertungsschema für RADAR*

Quelle: EFQM 2001

Damit nach der Selbstbewertung ein möglichst detaillierter Aktionsplan für Verbesserungen erarbeitet werden kann, sollten folgende Fragen durch die Selbstbewertung beantwortet werden:

- Wo liegen die Stärken, die sich mit Hilfe bestehender Prozesse erhalten oder ausbauen lassen?
- Wo liegen die Stärken, die noch weiterzuentwickeln sind?
- Welche Verbesserungsbereiche wurden identifiziert, die jedoch nicht weiterverfolgt werden, da sie nicht Teil des Kerngeschäfts sind?
- Welche Verbesserungsbereiche wurden identifiziert und als entscheidende Bereiche erkannt?
- Wie soll der Fortschritt im Hinblick auf die vereinbarten Verbesserungsmaßnahmen kontrolliert werden?

Der daraufhin zu erstellende Aktionsplan basiert auf den ermittelten Stärken und Schwächen und beinhaltet die weitere Vorgehensweise auf dem Weg zu Business Excellence.

5.2 Stufe 2: Balanced Scorecard

WORUM GEHT ES?

Die Balanced Scorecard (BSC) ist ein Instrumentarium, womit die Unternehmensvision und -strategie in ein ausgewogenes Bündel von Kennzahlen (Kunden, Mitarbeiter, Prozesse und Finanzen) zur Leistungsmessung einer Organisation übertragen werden kann. Sie zwingt die Führungskräfte, Balance zwischen einer langfristig wertsteigernden Strategie und den entsprechenden kurzfristigen Maßnahmen zu finden (Kaplan/Norton 1997). Damit bildet sie eine Klammer zwischen strategischem und operativem Geschäft.

Übersetzt werden kann Balanced Scorecard mit „Ausgewogener Berichtsbogen“, denn sie berücksichtigt die finanziellen Kennzahlen vergangener Leistungen und ergänzt diese Betrachtung durch die (leistungs-)treibenden Faktoren der zukünftigen Entwicklung des Unternehmens. Dafür wird das Unternehmen aus den folgenden vier Blickwinkeln betrachtet:

- **Finanzwirtschaftliche Perspektive:** Zeigt wirtschaftliche Konsequenzen früherer Tätigkeiten anhand von Periodengewinn, Cashflow, Kapitalrendite, Return on Capital Employed (ROCE) und Economic Value-Added (EVA).
- **Kundenperspektive:** Zeigt die Marktpositionierung anhand von Kundenzufriedenheit, -treue, -akquisition und Marktanteilen.
- **Interne Prozessperspektive:** Zeigt die internen Stärken und Schwächen des Unternehmens anhand von Time to Market, Time to Customer, Liefertreue und Bestandskosten.
- **Mitarbeiterperspektive:** Zeigt die Lern- und Entwicklungspotenziale für zukünftigen Unternehmenserfolg anhand von Veränderungsbereitschaft, Anteil neuer Marktleistungen, Fluktuation und Einsatz neuer Technologien.

Die Ziele und Kennzahlen werden von der Vision und Strategie des Unternehmens auf eine für die Mitarbeiter verhandlungsrelevante Ebene abgeleitet, so dass ein konkretes Vorgehen und spezielle Maßnahmen für die Umsetzung der Vision entwickelt werden können.

WAS BRINGT ES?

Mit Hilfe der BSC kann die von der Unternehmensleitung erarbeitete Vision allen Beschäftigten veranschaulicht werden. Die strategischen Ziele und Maßnahmen werden miteinander verknüpft und im Unternehmen konsequent heruntergebrochen, so dass jeder Mitarbeiter die für ihn relevanten Ziele kennt.

Die gesamte Organisation wird dadurch befähigt, sich immer wieder an die Strategie anzupassen und sie zu verfolgen. Es werden vier erfolgskritische Teilprozesse miteinander verknüpft:

- Klären und Herunterbrechen bzw. Übersetzen von Vision und Strategie in konkrete Aktionen
- Kommunikation und Verbindung von strategischen Zielen und Maßnahmen
- Aufstellen, Planen und Formulieren von Zielvorgaben und das Abstimmen strategischer Initiativen
- Verbesserung von strategischem Feedback und permanentem Lernen.

Die BSC ist damit mehr als ein neues Kennzahlensystem, sie bildet, konsequent und kontinuierlich eingesetzt, den strategischen Handlungsrahmen, die operative Umsetzung und die systematische Rückkopplung zur Unternehmensstrategie. Die BSC wird so zum Steuerungsinstrumentarium für einen zielgerichteten Veränderungsprozess.

Nach ihrem Siegeszug in den USA gewinnt die BSC auch in Deutschland immer mehr Anhänger.

WIE GEHE ICH VOR?

Aufgrund ihres Umfanges, ihrer Komplexität und ihrer Wirkung wird die Balanced Scorecard schrittweise entwickelt. Folgende Schritte sind notwendig:

1. Entwickeln einer Unternehmensvision
2. Definieren strategischer Zielvorgaben

3. Auswählen und Gestalten von Kennzahlen
4. Werttreiber-Baumdiagramm für strategische Ziele entwickeln

Entwickeln einer Unternehmensvision

Eine Vision ist ein unscharfes Bild in der Zukunft. Sie zeigt die Richtung auf, wohin sich ein Unternehmen entwickeln möchte und wie es zukünftig aussehen könnte. Eine überzeugende Vision, die das beinhaltet, was den Mitarbeitern wirklich am Herzen liegt, ist wesentlicher Bestandteil von Veränderungsprozessen.

Die Entwicklung der Unternehmensvision ist ein Vorausdenken eines Zustandes des Unternehmens in der Zukunft. Dabei sollen Erfolgspotenziale der Zukunft erkannt werden, um diese rechtzeitig erschließen zu können. Eine Vision ist ein Leitbild für alle Unternehmensmitglieder und bündelt sämtliche Kräfte auf ein gemeinsames Ziel. Die Vision eines Unternehmens wird i. d. R. von einer Gruppe von Top-Managern in einem gemeinsamen Workshop entwickelt. Folgende Inhalte müssen dabei berücksichtigt werden:

- Unternehmenszweck: Wozu existieren wir? Welche ökonomischen, sozialen, politischen bzw. ökologischen Zielsetzungen haben wir?
- Kernkompetenzen: Welche Kernkompetenzen haben wir?
- Strategische Position: Wo wollen wir uns im Wettbewerb positionieren?

Eine Vision muss so formuliert sein, dass sie:

- Engagement mobilisiert,
- Nachhaltig verständlich und
- Einfach zu kommunizieren ist.

Beispiel 3M: Die Vision lautet schlicht „Innovation“. Jeder Mitarbeiter kennt sie und richtet seine Handlungen danach aus.

Beispiel Volkswagen AG:
„Bester mit jeder Marke in jedem Markt.“

Definieren strategischer Zielvorgaben

Während die Vision den anvisierten wünschenswerten Zustand des Unternehmens liefert, dient die Strategie als Leitlinie des täglichen Handelns. Sie enthält den Unternehmenszweck, die längerfristigen Ziele und eine Vorgehensweise zu deren Umsetzung.

Mit Hilfe der BSC kann der strategische Planungsprozess in Gang gehalten werden, indem ausgehend von der Unternehmensvision strategische Ziele für die folgenden vier Perspektiven ermittelt werden.

Für das Formulieren der strategischen Ziele gibt es entsprechend Bild 13 für jede Perspektive eine Kernfrage. Neben dieser müssen berücksichtigt werden:

- Stärken-Schwächen-Analyse: Wo stehen wir heute?
- Welche konkreten Handlungsmöglichkeiten nutzen wir heute?
- Wo sind unsere Potenziale?

Die strategischen Ziele werden nacheinander von der Finanzperspektive ausgehend über die Kunden-, Prozess- bis zur Mitarbeiterperspektive entwickelt. Die Mitarbeiter bilden die Basis für das Erreichen der finanziellen Ziele. Dieser Zusammenhang wird im Werttreiber-Baumdiagramm (Bild 15) durch das Verknüpfen der strategischen Ziele mit denen der jeweils anderen Perspektiven verdeutlicht.

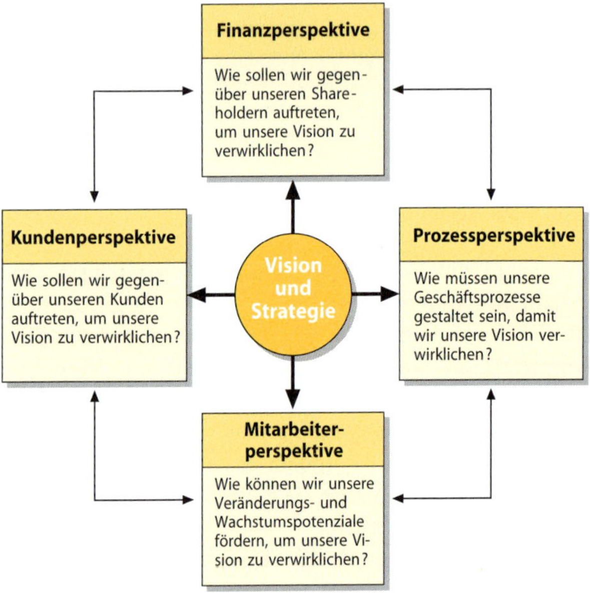

Bild 13: *Fragen zum Erarbeiten einer Balanced Scorecard*

Quelle: Kaplan/Norton 1997.

Auswählen und Gestalten der Kennzahlen

Um sicherzustellen, dass die definierten und vereinbarten strategischen Ziele auch konsequent verfolgt werden, müssen sie messbar gemacht werden.

„If you can't measure it, you can't manage it."

Es sind für alle vier Perspektiven die das strategische Ziel optimal beschreibenden und erfassenden Kennzahlen zu finden. Jede gewählte Kennzahl sollte ein Teil der Kette von Ursache und Wirkung sein, die zur Verbesserung der finanziellen Leistung führt. Im Folgenden wird die Entwicklung der einzelnen Scorecards für jede Perspektive anhand von strategischen Themen und möglichen Kennzahlen erläutert.

1. Finanzperspektive

Die Ziele und Kennzahlen der Finanzperspektive spielen dabei eine Doppelrolle. Sie definieren die finanzielle Leistung und sie dienen als Endziele für die Ziele und Kennzahlen aller anderen Scorecard-Perspektiven. In Tab. 2 sind Beispiele für Kennzahlen von finanzwirtschaftlichen Themen dargestellt.

Strategische Themen	Kennzahlen
Ertragswachstum und -mix	Umsatzwachstum pro Segment, Prozente der Erträge aus neuen Produkten, Dienstleistungen, Anwendungen, Kunden, Preisstrategien und Beziehungen
Kostensenkung/ Produktivitätssteigerung	Steigerung der Ertragsproduktivität Senkung der Einheitskosten Verbesserung der Kommunikationskanäle Senkung der betrieblichen Aufwendungen
Vermögensverwendung/ Investitionsstrategie	Investition (in % des Umsatzes), F&E (in % des Umsatzes), Kennzahlen für das Working Capital (Cash-to-Cash-Cycle), ROCE pro Hauptvermögenskategorien, Anlagennutzungsgrad

Tab. 2: *Kennzahlen für finanzwirtschaftliche Themen*

Quelle: Kaplan/Norton 1997.

Damit die strategischen Ziele auch tatsächlich umgesetzt werden, müssen für die Kennzahlen Zielerreichungsgrade und die zum Erreichen beitragenden Aktivitäten festgelegt werden. Tab. 3 zeigt ein Beispiel für eine Scorecard einer Finanzperspektive.

Strategische Ziele	Kennzahlen	Zielerreichungsgrad	Aktionsprogramm
Rentabilität erhöhen	ROCE	> 15 %	• Leistungserstellungsprozess optimieren • offensive Werbekampagne starten
Kosten senken	Herstellkosten pro Stück	< 1000 €/ Stück	
Wachstum vorantreiben	Anzahl der Neukunden	> 200.000	

Tab. 3: *Beispiel einer Scorecard für die Finanzperspektive*

2. Kundenperspektive

In der Kundenperspektive geht es darum, die Kunden- und Marktsegmente zu identifizieren, in denen das Unternehmen konkurrieren soll. Daneben gilt es, die Kennzahlen zu bestimmen, die die Leistung der Geschäftseinheit in diesen Marktsegmenten messbar machen.

In dieser Perspektive wird daher zwischen **Kernergebnissen** und **Leistungstreibern** unterschieden. Kernergebnisse (strategische Ergebnisse, Spätindikatoren) beschreiben das Unternehmen vornehmlich in seinem gegenwärtigen Zustand. Leistungstreiber (Frühindikatoren) geben darüber Auskunft, wie sich das Unternehmen in Zukunft entwickeln wird.

Die Kernkennzahlen der Kundenperspektive sind allgemeine Kennzahlen, die für alle Unternehmen gelten. Sie sind in Tab. 4 dargestellt.

Kennzahlen	Bedeutung
Marktanteil	Umfang eines Geschäfts in einem gegebenen Markt (z. B. Anzahl der Kunden, Anteil an Zielkunden)
Kundenakquisition	Umfang der neu gewonnenen Kunden für eine Geschäftseinheit (z. B. absolute oder relative Zahlen)
Kundentreue	Umfang der dauerhaften Kundenbeziehungen für eine Geschäftseinheit (z. B. absolute oder relative Zahlen)
Kundenzufriedenheit	Zufriedenheitsgrad der Kunden anhand spezifischer Leistungskriterien innerhalb der Wertvorgaben

Tab. 4: *Kernkennzahlen der Kundenperspektive*

Quelle: Kaplan/Norton 1997.

Die Kundenperspektive sollte jedoch auch spezifische Kennzahlen für Wertvorgaben, die das Unternehmen in den spezifischen Marktsegmenten erreichen will, enthalten. Diese Leistungstreiber-Kennzahlen (z. B. Qualität, Aufmerksamkeit, Pünktlichkeit) sind dafür ausschlaggebend, dass Kunden abwandern oder dem Unternehmen treu bleiben. Sie beschreiben die Aspekte, die für den Kunden besonders wichtig sind. Sie geben an, wie zu Marktanteil, Kundentreue und -zufriedenheit im Zielmarkt gelangt werden kann.

Ziele und Kennzahlen sollten dabei aus drei Eigenschaftsklassen gewählt werden, um es dem Unternehmen zu ermöglichen, seine Geschäftsaktivitäten zu erhalten und auszubauen. Diese sind:

- Produkt- und Serviceeigenschaften wie Qualität (Funktionalität, Zuverlässigkeit), Preis (Preispolitik im Vergleich zum Wettbewerber) und Zeit (pünktliche Lieferung)
- Kundenbeziehungen wie Kompetenz, Erreichbarkeit, Service, Transparenz und Reaktionsgeschwindigkeit (z. B. Anzahl der Reklamationen)
- Image und Reputation (z. B. regelmäßige Produkt- oder Dienstleistungsinnovationen)

Tab. 5 zeigt ein Beispiel für eine Scorecard der Kundenperspektive.

Strategische Ziele	Kennzahlen	Zielerreichungsgrad	Aktionsprogramm
Wettbewerbsfähige Preise	Preisindex	0,9	• Wertschöpfung steigern • offensive Werbekampagne starten • Kundenbefragung durchführen • Trendforschungsteam bilden
gutes Image erhalten	Kundenzufriedenheit	> 13 (1–15)	
neue Trends aufgreifen	Anzahl der Innovationen	> 5 pro Jahr	

Tab. 5: *Beispiel einer Scorecard für die Kundenperspektive*

3. Prozessperspektive

Für die Prozessperspektive identifiziert das Management die Prozesse, die für das Erreichen der Kunden- und Anteilseignerziele am kritischsten sind. Die Ziele und Kennzahlen für die internen Geschäftsprozesse werden erst entwickelt, nachdem Finanz- und Kundenperspektive bereits vollständig erarbeitet wurden. Dadurch leiten sich Ziele und Kennzahlen der Prozessperspektive direkt aus den strategischen Zielen der Kunden- und Finanzperspektive ab.

Anders als bei herkömmlichen Performance Measurement-Systemen konzentriert sich die BSC nicht nur auf die Verbesserung und Überwachung existierender Betriebsprozesse, sondern richtet ihr Augenmerk auf die vollständige Wertschöpfungskette und berücksichtigt somit gleichzeitig entsprechend Bild 14 den:

- Innovationsprozess
- Auftragsabwicklungsprozess und
- Kunden- bzw. Serviceprozess

Der **Innovationsprozess** wird als „lange Welle" der Wertschöpfung bezeichnet und sichert dem Unternehmen auch in der Zukunft einen Wettbewerbsvorteil. Unternehmen müssen sich bemühen, neue Kunden und aufkommende sowie latente Kundenwünsche zunächst zu identifizieren und dann zu befriedigen. Anhand dessen werden neue Produkte und Dienstleistungen entwickelt. Damit sollen dann neue Märkte und Kunden erreicht werden.

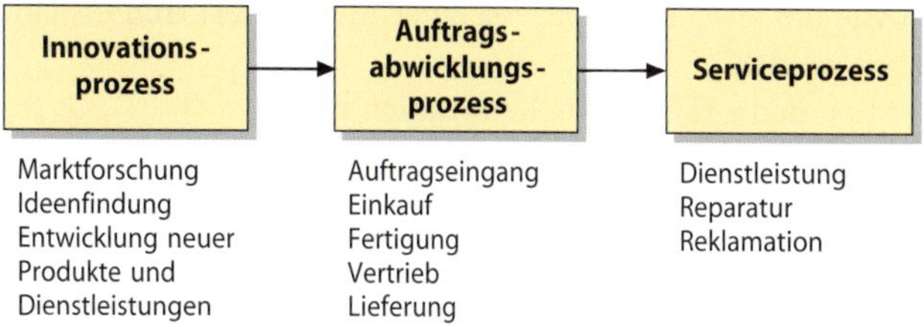

Bild 14: *Prozesse der Wertschöpfungskette*

Der **Auftragsabwicklungsprozess** stellt die „kurze Welle“ der Wertschöpfung dar. Er beginnt mit dem Eingang einer Bestellung und endet mit der Lieferung des Produkts an den Kunden. Hierbei geht es darum, bereits existierende Prozesse unter dem Gesichtspunkt der Kundenorientierung zu optimieren und den Verkauf der Produkte und Dienstleistungen zu steigern. Es werden so genannte Größen- und Lerneffekte genutzt, um die Kosten durch kürzere Durchlaufzeiten zu senken. Die Kundenzufriedenheit wird durch günstigere Preise, schnellere und pünktliche Lieferung sowie bessere Qualität und Handhabung der Produkte erhöht.

Die dritte Stufe der Wertschöpfungskette umfasst die **Serviceleistung** für den Kunden nach dem Kauf eines Produkts oder einer Dienstleistung. Einige Unternehmen besitzen eigene Strategien für besonders hochwertige Kundendienstangebote, leider jedoch viel zu wenige.

Durch die Aufmerksamkeit des Managements auf Innovations-, Auftragsabwicklungs- und Serviceprozess kann mit Hilfe der BSC systematisch die gesamte Wertschöpfungskette optimiert werden.

Um ein langfristiges Wachstum und kontinuierliche Verbesserung zu sichern, müssen die strategisch relevanten Prozesse bestimmt werden. Anschließend sollten Input, Output sowie die jeweiligen Prozesseigner identifiziert und visualisiert werden.

Erst dann können die Kennzahlen für:

- Qualität (z. B. Erfüllung der Kundenforderungen),
- Kosten (z. B. Maschinen-, Lagerkosten) und
- Zeit (z. B. Durchlaufzeit) definiert werden.

Für das Erarbeiten einer Scorecard für die Prozessperspektive (Tab. 6) sind folgende Fragen zu klären:

- Welches strategische Ziel wollen wir erreichen?
- Welche Prozesse unterstützen das Erreichen des strategischen Ziels?
- Welche Kenngrößen sind für die Beschreibung des Ist-Zustandes des jeweiligen Prozesses sinnvoll?
- Welche Werte haben die Kennzahlen heute?
- Welche Werte könnten sie haben (Benchmarks)?
- Welche konkreten Verbesserungen der Werte wollen wir uns realistischerweise als Ziel setzen?

Strategische Ziele	**Kennzahlen**	**Zielerreichungsgrad**	**Aktionsprogramm**
Neue Produkte schneller entwickeln (Innovationsprozess)	Entwicklungszeit	< 1 Monat	• Innovationsprozess optimieren • Interdisziplinäres Entwicklungsteam
Vertriebskosten senken (Auftragsabwicklung)	Vertriebskosten pro Stück	–30 %	• Internetvertrieb ausbauen, Händlernetz reduzieren
Servicequalität verbessern	Erreichbarkeit Reklamationsbearbeitungszeit	24 h pro Tag < 3 Tage	• Hotline einrichten • Reklamationsprozess optimieren

Tab. 6: *Beispiel einer Scorecard für die Prozessperspektive*

Ohne ein konsequentes Prozessmanagement ist die Umsetzung der strategischen Ziele kaum zu messen.

4. Mitarbeiterperspektive

Die Mitarbeiterperspektive zeigt auf, welche Innovations- und Wachstumspotenziale im Unternehmen gefördert werden müssen. Die Ziele dieser Perspektive sind die treibenden Faktoren für entsprechend gute Ergebnisse der Prozess-, Kunden- und Finanzperspektive. Diese finanziellen und strukturellen Potenziale können jedoch nur durch exzellent qualifizierte und hochmotivierte Mitarbeiter erreicht werden. Die vierte Perspektive schafft somit die Infrastruktur zum Erreichen der hohen strategischen Ziele der anderen Perspektiven und stellt die Basis zum Erreichen unternehmerischer Höchstleistungen.

Kennzahlen	Leistungstreiber
Mitarbeiterzufriedenheit	Grad der Zufriedenheit mit Arbeitsplatz und -aufgabe (z. B. durch Beteiligung an Entscheidungen, Leistungsanerkennung, Zugriff auf Informationen, aktive Ermutigung zu Kreativität und Initiative, Entwicklungsmöglichkeiten)
Personaltreue	Umfang der langfristigen Bindung von besonders wichtigen Mitarbeitern (Fluktuationsquote z. B. durch absolute oder relative Zahlen über Investition in Weiterbildung in Bezug zur Personalentwicklung)
Mitarbeiterproduktivität	Umsatz oder Ertrag pro Mitarbeiter

Tab. 7: *Kernkennzahlen der Mitarbeiterperspektive*

Ideen und Anregungen zur Verbesserung von Leistungen und Prozessen müssen vor allem von den Mitarbeitern selbst entwickelt werden. Sie sind direkt mit den Kunden und den internen Prozessen in Kontakt, kennen daher auch am besten die Probleme und entsprechende Verbesserungspotenziale. Dafür müssen sie jedoch adäquat ausgebildet und zielorientiert motiviert werden.

Personalkennzahlen beinhalten entsprechend Tab. 7 ebenfalls eine Mischung aus allgemeinen Kernkennzahlen kombiniert mit spezifischen Leistungstreiberkennzahlen.

Ziele und Kennzahlen für die Mitarbeiterperspektive ergeben sich aus den Anforderungen der Prozessperspektive. „Wie können die Innovations- und Wachstumspotenziale der Mitarbeiter gefördert werden, um die strategischen Ziele der Prozessperspektive zu erreichen?“ In Tab. 8 ist beispielhaft eine Mitarbeiter-Scorecard dargestellt.

<table>
<tr><th>Strategische Ziele</th><th>Kennzahlen</th><th>Zielerreichungsgrad</th><th>Aktionsprogramm</th></tr>
<tr><td>Innovation und Kompetenz fördern</td><td>Anzahl neuer Ideen
Anzahl Weiterbildungen</td><td>> 100/Jahr
> 3 pro Jahr und MA</td><td rowspan="3">• Ideen- und Infopool
• Karrierepläne entwickeln
• individuelles Trainingsprogramm
• Zielvereinbarungen durchführen
• zielorientiertes Entlohnungssystem</td></tr>
<tr><td>Kundenumgang verbessern</td><td>Anzahl der Beschwerden</td><td>< 5 pro Jahr und MA</td></tr>
<tr><td>Motivation fördern</td><td>MA-Anteil mit zielorientierter Entlohnung</td><td>> 15 %</td></tr>
</table>

Tab. 8: *Beispiel einer Scorecard für die Mitarbeiterperspektive*

Werttreiber-Baumdiagramm

Die finanziellen Ziele werden durch die Mitarbeiter realisiert, die durch ihre Fähigkeiten und ihr Engagement die (Arbeits-)Prozesse bestmöglich gestalten, so dass die Kundenwünsche erfüllt werden. Die strategischen Ziele der Mitarbeiterperspektive sind deshalb die Basis für den Unternehmenserfolg. Diese Erkenntnis fließt in Form einer Hierarchisierung der Perspektiven entsprechend Bild 15 in die BSC ein. Die Mitarbeiterperspektive ist über die Prozess- und Kundenperspektive mit der Finanzperspektive verknüpft.

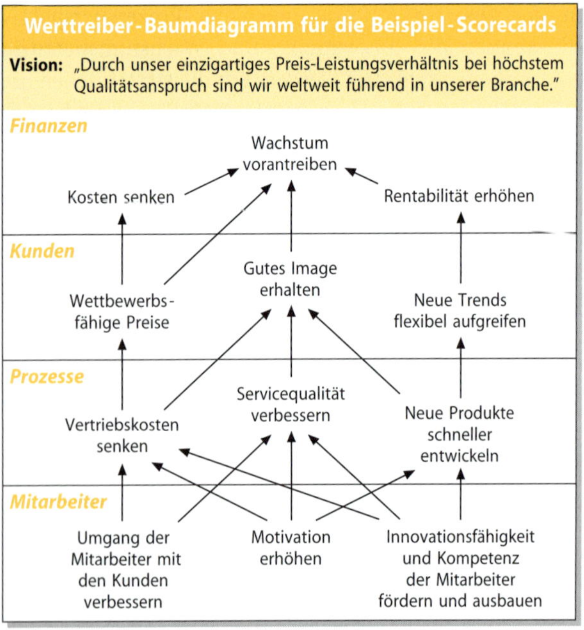

Bild 15: *Beispiel eines Werttreiber-Baumdiagramms*

Eine gut konstruierte BSC besteht aus einer Kette von Ursache-Wirkungs-Beziehungen zwischen strategischen Zielen, die das Geschäftsergebnis betreffen (Finanzperspektive) und Leistungstreibern (Mitarbeiter-, Kunden- und Prozessperspektive), die das Erreichen der Geschäftsziele überhaupt erst ermöglichen.

Wichtig dabei ist, dass jedes strategische Ziel (bzw. auch jede gewählte Kennzahl) in die Kette von Ursache-Wirkungs-Beziehungen eingebunden wird.

Im Werttreiber-Baumdiagramm werden die Wechselwirkungen zwischen den strategischen Zielen von der Mitarbeiter- über die Prozess-, Kunden- und schließlich zur Finanzperspektive aufgezeigt.

In Bild 15 ist das Werttreiber-Baumdiagramm für die strategischen Ziele der Beispiel-Scorecards dargestellt. Damit das strategische Ziel der Finanzperspektive *Wachstum vorantreiben* (Geschäftsziel) erreicht werden kann, muss auf der Kundenperspektive z. B. das *Gute Image erhalten bleiben* (Treiber). Beeinflusst wird dies von den strategischen Zielen der Prozess- und Mitarbeiterperspektive *Servicequalität verbessern* sowie *Motivation erhöhen.*

Dazu werden zunächst die strategischen Ziele der jeweiligen Perspektiven auf ein Übersichtsplakat (entsprechend Bild 15) übertragen. Anschließend werden die Hauptverbindungen zwischen den strategischen Zielen der einzelnen Perspektiven identifiziert und visualisiert. Dabei wird von der Mitarbeiterperspektive ausgehend über die Prozess-, Kunden- bis zur Finanzperspektive zu demjenigen strategischen Ziel ein Pfeil gezogen, das von diesem beeinflusst wird.

Damit sind die strategischen Ziele der einzelnen Perspektiven und deren Verknüpfungen auf einem Übersichtsplakat transparent dargestellt.

5.3 Stufe 3: Integrative Kommunikation

WORUM GEHT ES?

Das Wort Kommunikation bedeutet teilnehmen an oder teilen von Informationen, Gedanken oder Botschaften. Das Verb „kommunizieren“ wurde im 18. Jh. dem lateinischen *communicare* „gemeinschaftlich tun; sich mitteilen“ entlehnt. Im 20. Jh. wurde es durch den Einfluss des englischen Verbs „to communicate“ („sich verständigen; Informationen austauschen“) zu einem zentralen Wort der Nachrichtentechnik und der Sozialwissenschaften.

In der Nachrichtentechnik wird unter Kommunikation die Übermittlung einer Information von einem Sender zu einem Empfänger verstanden. Dabei werden die Informationen vom Sender kodiert und durch den Empfänger dekodiert. Die durch eine bestimmte Ordnung zusammengesetzten Zeichen (z.B. Buchstaben, Zahlen, Symbole) ergeben die Nachricht, die als zweckgerichtetes Wissen zu einer Information wird.

In den Sozialwissenschaften wird darüber hinaus unter sozialer Kommunikation der zwischenmenschliche Austausch von Bedürfnissen, Wünschen und Erwartungen verstanden. Die Kommunikation zwischen Menschen enthält einen Sach- und Beziehungsaspekt. Während der Sachaspekt den verbalen Inhalt beschreibt, bezieht sich der Beziehungsaspekt auf weit gehend nonverbale Mitteilungen, die angeben, wie der Inhalt zu verstehen ist (Watzlawick u. a. 1990). Ziele von sozialer Kommunikation sind Erfahrungen zu teilen, Gemeinsamkeiten zu schaffen und Menschen einzubinden. „Kommunikation funktioniert nur, wenn man sich einbringen und einigen will – alles andere sind zwecklose Selbstgespräche.“ (Lotter 2005)

Ziel der **integrativen Kommunikation** ist es, die Interaktionen zwischen Mitarbeitern dahingehend zu fördern, dass ein gemeinsames Ziel durch gemeinsam vereinbarte Handlungen erreicht werden kann. Integrative Kommunikation wird so zu einem wichtigen Steuerungsinstrument von Veränderungsprozessen. Dabei ist zu entscheiden:

- **wie** Informationen (Beziehungsaspekt) kommuniziert werden,
- **welche** Informationen **wem** (Zielgruppe) mitgeteilt und zwischen wem ausgetauscht werden,
- **wie häufig** und mit **welchen** Medien (Kanal) die Informationen vermittelt werden.

Bei Veränderungsprozessen ist zwischen zwei **Kommunikationsdimensionen** zu unterscheiden:

1. **Die funktionale Kommunikation**, eine Mitteilung bzw. ein Austausch von sachlichen, aufgabenbezogenen Informationen im Unternehmen, mit der die *Leistungsfähigkeit* der Mitarbeiter gefördert wird. Funktionale Kommunikation ist zweckgerichtet, wird rational eingesetzt, beschränkt sich auf das Sachliche und läuft hierarchisiert ab.
2. Die **soziale Kommunikation** trägt zur *Leistungsbereitschaft* der Mitarbeiter bei, indem sie auf der individuellen Ebene motiviert. Sie erfüllt das Bedürfnis nach Anerkennung und Selbstbestätigung. Der Wunsch nach Gruppenzugehörigkeit kann befriedigt werden.

Die Verknüpfung von funktionaler und sozialer Dimension führt zur **integrativen Kommunikation.** Interaktiv zu kommunizieren bedeutet, ein Wir-Gefühl zu schaffen und einen Standpunkt zu haben, der gemeinsam aus unterschiedlichen Perspektiven geteilt werden kann. Es ist die Basis für positive und progressive Aktivitäten der Mitarbeiter im Veränderungsprozess. Das Wir-Gefühl entsteht, wenn eine Gruppe von Menschen eine gemeinsame Identität und Vertrauen zueinander entwickelt.

Die Dimensionen der **integrativen Kommunikation** ergeben zwei **Zielebenen,** die in Bild 16 dargestellt sind:

- die **operative Ebene,** die die Durchführung des Kommunikationsmanagements beinhaltet und
- Die **strategische Ebene,** die die positive Veränderung des Unternehmens zum Geschäftserfolg beinhaltet.

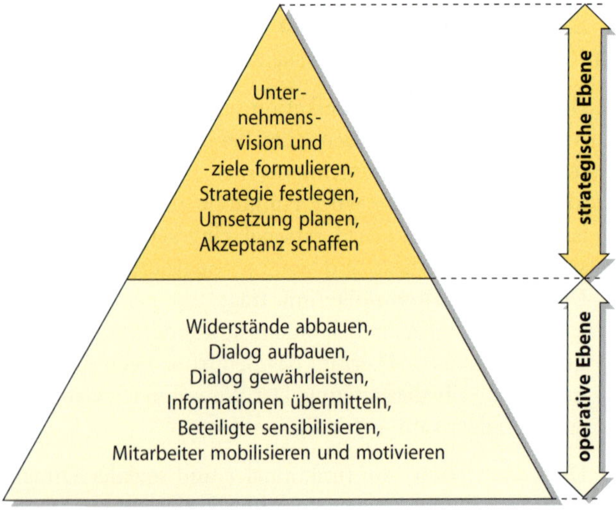

Bild 16: *Kommunikationsebenen*

Quelle: Mohr, Woehe 1998.

Auf der **strategischen Ebene** soll der Beitrag des Veränderungsprozesses für den Geschäftserfolg des Unternehmens kommuniziert werden. Es geht darum, das Projekt zu positionieren, ein effizientes Projektmanagement aufzusetzen, das Konfliktpotential zu minimieren und alle Kräfte auf den Projekterfolg zu konzentrieren. Die Kommunikation auf der strategischen Ebene ist mehr auf die interne Projekt-Gruppe und auf wenige Externe gerichtet.

Auf der **operativen Ebene** soll mit Hilfe von Kommunikation Akzeptanz des Veränderungsprozesses durch die Mitarbeiter erzielt werden. Ziel muss es sein, die relevanten Informationen weiterzugeben, um Sinn und Notwendigkeit für die Veränderung zu verdeutlichen. Wenn klar und wahr kommuniziert wird, fühlen sich Menschen ernst genommen und eingebunden und sind zum Handeln bereit. „Wo Haltungen erwartet werden, aber bloß Geschwätz geliefert wird, drehen die Leute ab“ (Bucksteg 2005).

Bei der Ausarbeitung eines Kommunikationskonzeptes für einen Veränderungsprozess müssen beide Ebenen ausreichend berücksichtig werden. Die **strategische Ebene** muss mit den strategischen Zielen des Unternehmens verknüpft sein, damit das „Wozu machen wir das?“ glaubwürdig beantwortet wird. Auf der **operativen Ebene** muss deutlich werden, „Wie machen wir das?“ Hier wird aufgabenbezogen kommuniziert und konkret gesagt, was wann zu tun ist und wer es tut. Hier ist die soziale Dimension der integrativen Kommunikation zu berücksichtigen, das Teilen von Information und Wissen, um gemeinsames Handeln zu erzeugen.

Die Vision, die konkreten Ziele und die geplanten Maßnahmen eines Veränderungsprozesses müssen den Mitarbeitern durch die entsprechenden Instanzen so kommuniziert werden, dass sie sie verstehen können und neue Chancen für sich erkennen. Die Mitarbeiter werden nur dann ihr Handeln bzw. Verhalten auf die Unternehmensvision ausrichten und einen entsprechend positiven Beitrag für die geplanten Veränderungen leisten, wenn sie sich ernst genommen fühlen und sich mit den Zielen der Veränderung identifizieren.

WAS BRINGT ES?

Integrative Kommunikation als eine Basis des Veränderungsprozesses trägt dazu bei, **Kommunikations-Stolpersteine professionell** zu umgehen. Dies sind:

- **Kommunikationslücken** – Sie entstehen, wenn nicht vollständig und nur einseitig informiert wird. Diese Lücken werden durch Eigeninterpretationen der Mitarbeiter gefüllt. Solche „Ersatzinformationen" werden genauso ernst genommen wie wirklich wahre und relevante Informationen.
- **Langsamkeit** – Die Dynamik und Komplexität des Umfeldes und des Wandels an sich verlangen zeitnahe, unmittelbare und offene Kommunikation. Kommunikation sollte den Ereignissen nicht hinterherhinken und zur Vermeidung der Gerüchteküche beitragen. Gerüchte bedeuten Produktivitätsverlust, weil die Mitarbeiter verstärkt über Gerüchte und ihre Folgen diskutieren und nicht ihrer Arbeitstätigkeit nachgehen.
- **Überfütterung** – heißt, jeder erfährt alles sofort „Es gibt Leute, die sammeln jede Information und leiten alles wei-

ter, was ihnen in die Finger kommt“ (Posner 2005). Das kann dazu führen, dass Mitarbeiter bei einer Flut von Informationen abschalten, weil sie die Inhalte nicht mehr verarbeiten können.

- **Ängste** – Veränderungsprozesse sind häufig gekennzeichnet durch Ängste bei den Beteiligten, z. B. vor Statusverlust, Standortwechsel, neuem Umfeld, neuen Kollegen, Arbeitsplatzverlust etc. Ängste basieren häufig auf Konflikten, die der Einzelne mit sich selbst hat. In einer beängstigenden Situation ist die Gefahr groß, dass der Informationsempfänger nur das hört, was er hören will (selektive Wahrnehmung).
- **Orientierungslosigkeit** – Der Sinn von Kommunikation ist das Teilen von Wissen und Werten, nicht das Anhäufen von Informationen. In der Zeit des Wertewandels und des Werteverlustes ist es entscheidend, dass Ziel gerichtete Kommunikation hilft, das Vakuum der Orientierungslosigkeit im Wandel zu füllen und klare Haltungen vermittelt. Bei der Vermittlung von Werten ist es entscheidend, dass die Unternehmensführung, die die Veränderung will, authentisch und damit glaubhaft ist.

WIE GEHE ICH VOR?

Grundlage für erfolgreiche Kommunikation in Veränderungsprozessen ist ein integratives Kommunikationskonzept, das von der Unternehmensführung getragen und von vertrauensvollen Personen umgesetzt wird. Das Konzept besteht aus vier Blöcken mit entsprechenden Kernfragen:

1. **Kommunikationsziele bestimmen**
   - **Wozu** wird das Konzept gebraucht?
   - **Was** soll mit der Kommunikation erreicht werden.
2. **Zielgruppen ermitteln**
   - **Für wen** wird das Konzept erstellt?
   - **Wer** sind die Zielgruppen und Adressaten der Kommunikation?
3. **Kernbotschaften bestimmen**
   - **Was** sind die Kernbotschaften und Inhalte der Kommunikation?
4. **Maßnahmen erarbeiten und koordinieren**
   - **Wie** vermittle ich meine Botschaften und Inhalte?

Für die Umsetzung und die Erzielung von Resultaten des Kommunikationskonzeptes werden die im folgenden beschriebenen Informations-, Beziehungs- und Medienmodelle eingesetzt.

Alle **Modelle** sind nach dem **Schema** aufgebaut: relevante **Fragen, Aktivitäten, Instrumente.**

Informationsmodell

Kernaussagen des Informationsmodells sind:

1. **Was Mitarbeiter wirklich wissen wollen!**
2. **Wie Information wirklich effektiv ist!**

Frage: Wie lässt sich ergründen, was die Mitarbeiter wissen wollen?

Die empfohlenen **Aktivitäten** sind z.B. *repräsentative Stichprobeninterviews* zu führen, einen *Fragebogen* zu entwickeln und zu verteilen oder auch einen *Workshop mit Beteiligten aller Ebenen* durchzuführen.

Instrumente dafür sind das *Mail*-System, das *Intranet* und im Workshop die entsprechenden *Moderationsmethoden und -hilfsmittel* (Pocket Power Moderationstechniken und Coachingtechniken).

> Beim Aufspüren, was Mitarbeiter wirklich wissen wollen, müssen die Fragen so gestellt werden, dass sowohl die funktionale Ebene (Sach- und Fachinformationen) als auch die soziale Ebene (Konflikte, Ängste etc.) berücksichtigt werden.

Eine weitere **Frage** lautet: Wie lassen sich Informationen effektiv gestalten?

Folgende **Aktivitäten** sind notwendig:

- *Frühzeitig* informieren, so dass Mitarbeiter die Neuigkeiten nicht aus der Presse erfahren, sondern die Erstinformierten sind.
- Die Informationen sollten *umfassend* aber nicht überflüssig sein. Sie sollten den Kern der Veränderung darstellen und den Sinn sowie den Zweck vermitteln.

Typische **Fragen** *zum Informationsbedarf* für Mitarbeiter im Rahmen von Veränderungen sind:

- Aus welchen Gründen wird die Veränderung vollzogen? Welche Erwartungen und Ziele sollen erfüllt werden?
- Welche grundlegenden Veränderungen ergeben sich? Mit welchen Maßnahmen und in welchem Zeitraum sollen diese Veränderungen durchgeführt werden?
- Welche Auswirkungen hat das auf einzelne Arbeitsplätze, auf Entwicklungsmöglichkeiten etc.?
- Welche Strategien werden verfolgt? Was bedeutet das für die Organisation?

Für diese **Fragen** lassen sich zusammenfassend folgende **Aktivitäten** empfehlen:

- *Frühe und ausreichende Informationen vom Top-Management* an alle Mitarbeiter. *Ehrliche Aussagen* über offene und anstehende Entscheidungen. Übergreifende Informationen hinsichtlich des geplanten Veränderungsprozesses direkt nach dem Beschluss an die Betroffenen richten.
- *Informationen* müssen *realistisch,* d. h. wahr und klar sein, damit sich die Mitarbeiter auf die Veränderungen einstellen können und in die Lage versetzt werden, Entscheidungen für ihre eigene Situation treffen zu können.
- Neben den Vorteilen für das Unternehmen sollten immer auch die *Vor- und Nachteile für die Mitarbeiter* kommuniziert werden.
- Mitarbeiter, die Fragen beantworten und übergreifend informieren, sollten vom Top-Management als *True-Source* (zuverlässigee Quelle) benannt und vorgestellt werden.

Instrumente, die diese Aktivitäten unterstützen, sind:

- *Regelmäßige Informationen* vom Top-Management, z. B. persönliche Briefe oder E-Mails, Einrichtung eines *Briefkastens für Fragen, Kritik.*
- Etablieren von Kommunikationsstrukturen, die die *Kommunikation von unten fördern* und *Feedbackschleifen* haben, z. B. über direkte Intranet Links und Feedbackbögen, deren Auswertung regelmäßig veröffentlicht wird.
- Für die generelle und tagesaktuelle Information bietet sich das *Intranet* an und in bestimmten Zeitabschnitten *Informationsforen und Betriebsversammlungen,* die menschlichen Kontakt fördern.

Regelmäßige Feedbacks von den Mitarbeitern dienen als Kommunikationsbarometer, um abzulesen, ob der Weg wirklich zum Ziel führt und wie die Motivation und Aktivität im Unternehmen ist.

Beziehungsmodell

Inhalt des Beziehungsmodells ist die Schaffung von Kommunikationsbeziehungen, die sich äußern in:

1. **Bereitschaft zur Kommunikation und**
2. **Fähigkeit, integrativ zu kommunizieren**

Hier stellt sich die **Frage,** wie die *Bereitschaft zur Kommunikation bei Mitarbeitern und Führungskräften* gefördert werden kann. Die Herausforderung besteht darin, allen Beteiligten aufzuzeigen, dass miteinander reden positiver ist und mehr bewirkt, als sich gegenseitig abzugrenzen. Dafür müssen Kommunikationsbeziehungen auf allen Unternehmensebenen etabliert und gepflegt werden.

Entsprechende **Aktivitäten,** um die notwendigen Beziehungen herzustellen, sind:

- *Analysieren der unterschiedlichen Rollen im Unternehmen,* um zu wissen, welche Machtstrukturen gelten und wie die Spielregeln funktionieren. Es kann wesentliche Unterschiede geben, die zu Missverständnissen und Ablehnung führen.
- *Festlegen, wer mit wem kommunizieren sollte,* z. B. welche Abteilungen müssen zukünftig zusammenarbeiten, wie werden die Führungskreise besetzt, welche Projekte werden zusammengelegt oder neu gestartet etc. Ziel ist es, Vertrauen auf- und Ängste abzubauen. Dafür müssen sich die Menschen kennen lernen.

- *Durchführen eines Treffens (Get Together)*. Damit ist meist eine Großveranstaltung gemeint, in der das Top-Management die Vision, Strategie und Ziele im Rahmen des Veränderungsprozesses vorstellt (Die Siemens AG setzt dieses Instrument erfolgreich bei der Zusammenführung von internen Geschäftsaktivitäten ein). Ziel ist es, die Mitarbeiter einzubinden und zu beteiligen. Unterstützt wird dies durch Workshops mit Themen, die für die Mitarbeiter wichtig sind. Die Ergebnisse der Workshops sollten im Tagesgeschäft von funktions- und ggf. geschäftsübergreifenden Teams verfolgt und weiterentwickelt werden.
- Studien haben gezeigt, dass es sinnvoll sein kann, *Gruppenveranstaltungen* durchzuführen, in denen die *Mitarbeiter ihre Emotionen wie Angst, Wut und Verzweiflung zum Ausdruck bringen* können. Denn oft führt die Erkenntnis, nicht allein in einer schwierigen Situation zu sein, zur Stabilisierung der eigenen Psyche. Professionelle Hilfe für die Durchführung empfiehlt sich.

Instrumente, die die Durchführung der Aktivitäten unterstützen, sind:

- Im Rahmen des Service Centers für das Veränderungsprojekt bedarf es einer Fachgruppe, die alle Analysen durchführt, die Ergebnisse bündelt, Veranstaltungen organisiert und jederzeit Ansprechpartner für Fragen und Anregungen ist.
- *Funktions- und unternehmensübergreifende Kommunikationszirkel*, in denen spezifische Themen zum Veränderungsprozess erarbeitet und umgesetzt werden.

Eine weitere **Frage** lautet: Wie kann die *Fähigkeit, integrativ zu kommunizieren*, vermittelt werden? Führungskräfte sind hier in erster Linie die Zielgruppe.

Aktivitäten, um insbesondere Führungskräfte auf ihre Kommunikationsaufgaben vorzubereiten, sind:

- *Coaching* (siehe dazu Pocket Power Coachingtechniken) *und Trainings für Kommunikation*, in denen insbesondere die soziale Ebene von integrativer Kommunikation vermittelt wird.
- *Workshops*, in denen gelernt wird, wie persönliche *Konflikte* und deren Auswirkungen auf eine Gruppe zu behandeln sind.
- *Workshops*, in denen *Führungskräfte* erfahren, was *Vorbild* zu sein heißt, und wie es sich auf Mitarbeiter auswirkt, was Führungskräfte vorleben. Was es bedeutet Verantwortung zu übernehmen. Welchen Unterschied es macht, ob die Führungskraft als authentische Person wahrgenommen wird.

Ferner sollten Führungskräfte immer wieder ihr persönliches Kommunikationsverhalten reflektieren.

Medienmodell

Das Medienmodell stellt folgende **Fragen:**

1. *Was ist das richtige Informationsmedium für welche Mitteilung?*
2. *Wann sollte Medien-Kommunikation eingesetzt werden?*
3. *Wann ist persönliche Kommunikation zwischen Leitung und Mitarbeitern wichtig?*

Aktivitäten dafür sind:

Eine *Zielgruppenanalyse* durchführen, um zu identifizieren, wer welche Informationen benötigt, in welcher Quantität und Qualität diese Informationen zur Verfügung gestellt und in welcher Geschwindigkeit sie verteilt werden müssen. Große Zielgruppen beispielsweise sollten schnell und kontinuierlich adressiert werden, z. B. durch wöchentliche Statusreports.

Persönliche Kommunikation zwischen der Leitung und den Mitarbeitern sollte eingesetzt werden bei *Themen,* die ein *hohes Konfliktpotenzial* haben und in die die *Mitarbeiter stark emotional engagiert* sind, z. B. Standortverlegungen, Arbeitsplatzverlust. So erhält die Führungskraft direktes Feedback und kann die weiteren Schritte gezielt planen.

Instrumente für das Medienmodell sind:

- Ein etabliertes *Kommunikationskonzept,* das verantwortlich und gut sichtbar gestaltet, modifiziert und umgesetzt wird.
- Das *Intranet* bzw. bei großen Unternehmen ein eigenes *TV-Programm,* das z. B. aktuelle *Morning-News* sendet (wird bei DaimlerChrysler erfolgreich eingesetzt).
- Regelmäßige *Workshops* oder *Jours fixes* unterstützen auf der persönlichen Ebene die integrative Kommunikation.

Mit Führungskräften und Schlüsselpersonen sollten regelmäßig *Vier-Augen-Diskussionen* stattfinden, um unmittelbares Feedback zu erhalten und das Vertrauen dieser Personengruppe zu stärken.

5.4 Stufe 4: Projektmanagement

WORUM GEHT ES?

Nach DIN 9000:2000-01 ist ein Projekt ein „einmaliger Prozess, der aus einer Gesamtheit von abgestimmten und gelenkten Tätigkeiten mit Anfangs- und Endterminen besteht und durchgeführt wird, um ein spezifischen Forderungen genügendes Ziel zu erreichen, wobei Zeit-, Kosten- und Mittelbeschränkungen mit eingeschlossen sind". Es gibt Abgrenzungen gegenüber anderen Vorhaben und durch eine projektspezifische Organisation.

Für das Bearbeiten von Projekten wurde eine generelle Vorgehensweise mit einzelnen Schritten unter Verwendung verschiedener Werkzeuge, die zum Lösen komplexer Probleme dienen, unter dem Begriff Projektmanagement zusammengefasst. Nach DIN 69 901 ist Projektmanagement „die Gesamtheit von Führungsaufgabe, -organisation, -techniken und -mittel für die Abwicklung eines Projektes".

Unter **Projektmanagement** sind alle planenden, überwachenden, koordinierenden Maßnahmen zu verstehen, die für die Umsetzung und/oder Neugestaltung von Systemen oder die Lösung von Problemen erforderlich sind. Dabei steht das Vorgehen zum Erreichen der Lösung und nicht die Lösung selbst im Vordergrund.

Projektarbeit heißt Teamarbeit und ist daher mit einem erhöhten Maß an Kommunikation und Kooperation verbunden. Dies stellt besonders hohe Anforderungen an die Führungsstärke des Projektleiters.

WAS BRINGT ES?

Projektmanagement bietet die Chance zum strukturierten Vorgehen und soll sicherstellen, dass vereinbarte Projektziele im Rahmen der personellen, technischen, terminlichen und finanziellen Rahmenbedingungen erreicht werden (Litke 1995).

Der Erfolg von Veränderungs-Projekten hängt von der Fähigkeit des Projektleiters ab, Mitarbeiter und Führungskräfte in den Veränderungsprozess zu integrieren und von den Zielen zu begeistern. Dabei ist es seine Aufgabe, Sach-, Kosten- und Terminziele in Balance zu bringen. Das Projektmanagement dient der Integration und Steuerung dieser konkurrierenden Zielgrößen.

WIE GEHE ICH VOR?

Egal wie groß oder komplex ein Projekt ist, man kann die folgenden vier Phasen mit den jeweiligen Schwerpunkten unterscheiden:

- **Definitionsphase:** Hier wird zunächst das Problem analysiert und im Projektantrag definiert. Mit der Projektfreigabe wird dies zum Projektauftrag.
- **Planungsphase:** Hier werden Projektstruktur- und Ablaufplan mit Zielgrößen für Qualität, Kosten, Zeit und Verantwortlichkeiten erstellt.
- **Realisierungsphase:** Hier werden die zuvor geplanten Arbeitspakete umgesetzt. Die Umsetzung wird kontinuierlich überwacht und Steuerungsmaßnahmen werden eingeleitet.
- **Abschlussphase:** Die Resultate werden präsentiert, im Projektabschlussbericht dokumentiert und durch den Auftraggeber abgenommen. Das gesammelte Know-how wird gesichert und die Projektmitarbeiter werden in die Unternehmensorganisation reintegriert.

Entsprechend der Projektphasen lassen sich mit Hilfe verschiedener Instrumente Handlungsanleitungen für die zu verfolgenden Schritte ableiten, um das Projektziel innerhalb des gesteckten Zeitrahmens und den gegebenen Rahmenbedingungen zu verwirklichen.

Im Folgenden werden entsprechend der in Bild 17 dargestellten nummerierten und fett hervorgehobenen Projektschritte Vorgehensweisen beschrieben.

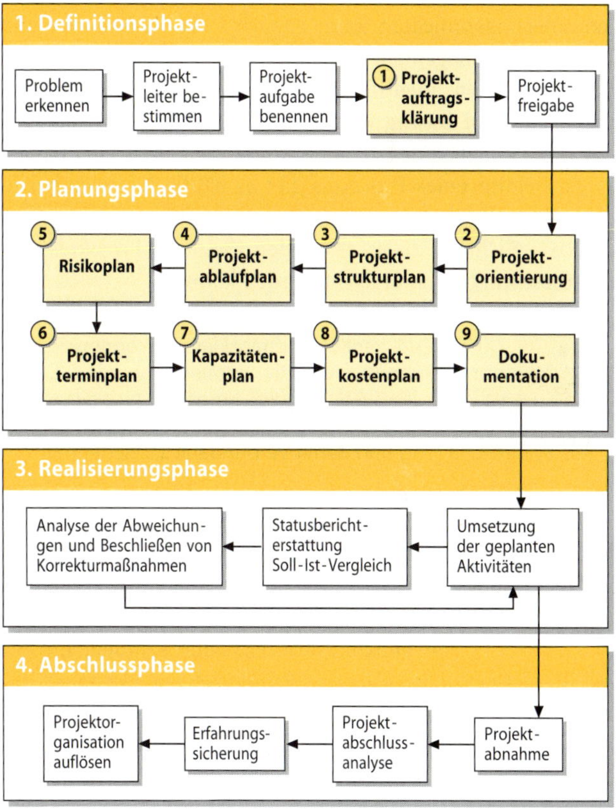

Bild 17: *Grundmodell des Projektmanagements*

Quelle: Burghardt 1995.

Projektauftrag klären ①

Nachdem das Problem erkannt wurde, wird in der Regel ein Projektleiter bestimmt, der dann zunächst die Aufgabe hat, den Projektauftrag mit den Verantwortlichen zu klären. Bei Veränderungsprojekten kann zunächst die Ist-Situation mit Hilfe von Management-Self-Assessments entsprechend den EFQM-Kriterien identifiziert werden, um ein Problembewusstsein bei Führungskräften und Mitarbeitern hinsichtlich der Notwendigkeit des Veränderungsprojektes zu schaffen.

Zu Beginn eines Projektes gibt es häufig keine einheitlichen Vorstellungen zwischen Verantwortlichen und Beteiligten bezüglich der zu erreichenden Ziele des Projektes und wie diese am besten erreicht werden können.

Durch eine genaue Auftragsklärung können Fehlentwicklungen präventiv vermieden werden. Entscheider, Projektleiter und Beteiligte müssen sich über die zu erreichenden Ziele einig sein. Nur dies gewährleistet ihre Erfüllung und damit verbundene Zufriedenheit.

Die Auftragsklärung und der daraus folgende klar formulierte und von allen Entscheidern getragene Projektauftrag ist insbesondere für den Projektleiter wichtig, weil sich im Laufe eines Projektes Rahmenbedingungen ändern können (z. B. Wechsel von Führungskräften, neue Kunden, Einsatz neuer Technologien). Der ursprüngliche Auftrag muss der veränderten Situation angepasst werden können.

In der Auftragsklärung werden Ziele, Voraussetzungen, Budget, Rahmenbedingungen und Meilensteine des Projektes definiert. Die aus den in Bild 18 formulierten Fragen gewonnenen Informationen werden im Projektauftragsformular festgehalten.

1. Projektaufgabe

Mit der Frage „Was genau ist das Problem bzw. Thema?" wird die Projektaufgabe formuliert.

2. Projektziel

Mit der Frage „Was soll genau und wozu mit dem Projekt erreicht werden?" kann das Projektziel konkretisiert werden. Die qualitativen Projektziele können durch folgende Fragen ermittelt und benannt werden:

- Was genau soll nach dem Abschluss des Projekts anders sein?
- Woran können wir erkennen, dass das Projektziel erreicht wurde? Welcher konkrete Nutzen entsteht?
- Wann muss das Projekt beendet sein?

3. Projektvoraussetzungen

An dieser Stelle ist die Ausgangssituation zu klären:

- Wie haben Sie die Fragestellung des Projektes bisher gelöst?
- Welche Lösungsversuche gab es bisher?
- Welche davon waren erfolgreich? Welche Probleme gab es?
- Wie wurde die Projektarbeit bisher organisiert?
- Was steht an Information bereit (z. B. Studien, Analysen)?

4. Projektressourcen

Hier wird geklärt, was zum Erreichen des Projektziels benötigt wird:

- Welche relevanten finanziellen und personellen Ressourcen werden benötigt?
- Welches Budget steht zur Verfügung?
- Welche Informationen werden benötigt?
- Welche Projektschnittstellen gibt es?

5. Rahmenbedingungen

Mit folgenden Fragen werden die unveränderlichen Parameter (Grenzen, Restriktionen und sonstige Einflussgrößen) identifiziert:

- Was soll/darf verändert werden, was nicht?
- Welche relevanten unveränderbaren Rahmenbedingungen gibt es?

6. Erfolge konsolidieren und Veränderungen institutionalisieren

Hier stellt sich die Frage: Welche relevanten Aufgabenpakete müssen durchgeführt werden, um das Projektziel zu erreichen?
Daraus ergeben sich Meilensteine für das Projekt:

- Ein Meilenstein definiert einen Abschlusspunkt einer Phase und damit wesentliche Schlüsselereignisse für die Planung und Überwachung eines Projektes.
- Mit einem Meilenstein ist immer ein definiertes termingebundenes Sachergebnis verbunden.

Projektauftraggeber:	***Projektleiter:***

Bild 18: *Projektauftragsformular*

Die grobe Meilensteinplanung geht der Strukturierung der einzelnen Projektaktivitäten voraus. Sie ist phasenorientiert, wohingegen die Projektaktivitäten mit Hilfe des Affinitätsdiagramms detailliert pro Phase geplant werden.

Projektorientierung ②

- Um sicherzustellen, dass alle am Projekt Beteiligten das gleiche Ziel vor Augen haben, muss in der Projekt-Planungsphase (z. B. im Kick-off-Workshop) der Projektauftrag mit den Beteiligten entsprechend der enthaltenen Fragen geklärt werden.
- Anschließend kann mit dem Affinitätsdiagramm (Bild 19) ein kreativer Prozess in Gang gesetzt werden. Die beteiligten Personen werden damit aktiviert, ihre Erwartungen, Wünsche oder auch Bedenken zu äußern. Die ersten relevanten Aktivitäten werden identifiziert. Mit Hilfe einer Kartenabfrage werden die unterschiedlichen Sichtweisen bzgl. des zu lösenden Problems gesammelt und verdichtet. Die Fragestellung könnte lauten: „Welche Themen müssen wir unbedingt berücksichtigen, damit wir das Projekt erfolgreich abschließen können?"

Das Ergebnis des Affinitätsdiagramms ist die Zuordnung der unterschiedlichen Themen zu Clustern. Die Cluster werden mit einem gemeinsam formulierten Oberthema versehen. Die Oberthemen werden im Themenspeicher (Bild 20) festgehalten und anschließend von den Teilnehmern mit Hilfe einer Mehr-Punkt-Frage nach Wichtigkeit oder Dringlichkeit priorisiert. Die Oberthemen werden dann entsprechend der Gewichtung im Projektstrukturplan weiterbehandelt.

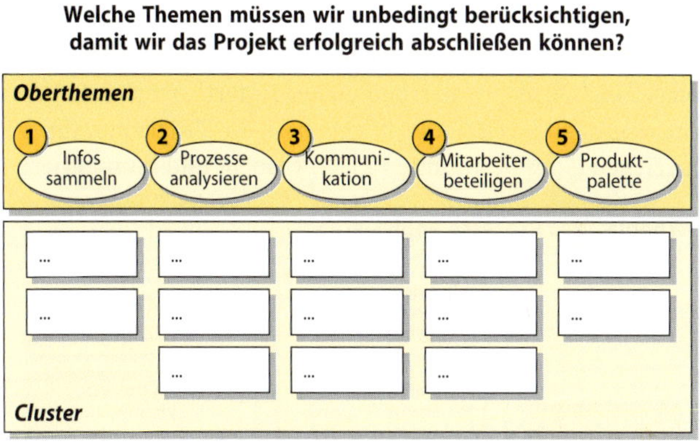

Bild 19: *Affinitätsdiagramm*

Nr.	Thema	○	Rang	Nr.	Thema	○	Rang
1	Informationen sammeln	○○○	4	4	Mitarbeiter beteiligen	○○○○○○○○	1
2	Prozesse analysieren	○○○○○	2	5	Produktpalette prüfen	○	5
3	Kommunikation verbessern	○○○○	3	6	Schnittstellen analysieren	○	5

Bild 20: *Themenspeicher*

Projektstrukturplan (PSP) ③

Mit Hilfe des Projektstrukturplans wird der Umfang des Themas aufgezeigt. Es werden einzelne Bearbeitungsschritte sowie komplizierte Zusammenhänge verdeutlicht. Das im Themenspeicher priorisierte Thema (z. B. Prozesse analysieren) wird mit Hilfe eines Baumdiagramms (Bild 21) schrittweise und klar strukturiert in Unterthemen (z. B. Kernprozesse identifizieren und Kernprozesse visualisieren) zerlegt. Anschließend werden Unterthemen der Unterthemen (z. B. Ursachen eines zu lösenden Problems bzw. die Tätigkeiten für das Erreichen eines bestimmten Ziels) gesucht und nummeriert.

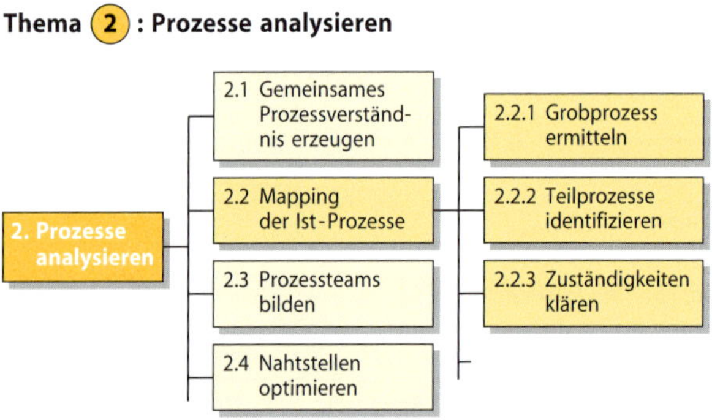

Bild 21: *Projektstrukturplan (PSP)*

Projektablaufplan (PAP) ④

Der Projektablaufplan (Bild 22) dient dem Darstellen der Abfolge von einzelnen Aktivitäten in einer logischen Reihenfolge. Damit werden die komplexen Abläufe innerhalb von Projekten deutlich und sind anschließend für jeden Projektmitarbeiter transparent. Beim Erstellen des Projektablaufplans müssen folgende Schritte beachtet werden:

- Einzelaktivitäten aus dem Baumdiagramm (Bild 21) in eine sachlogische Reihenfolge bringen,
- Verwenden von eindeutigen Symbolen, z. B. Datenflusssymbole aus der Informatik (siehe Pocket Power Prozessmanagement) und
- Verknüpfen der Elemente.

Dabei entstehen i. d. R. mehrere parallel laufende Teilprozesse unterschiedlicher Dauer. Mit Hilfe der im Folgenden beschriebenen Netzplantechnik kann die Dauer der Einzelaktivitäten und -abläufe ermittelt werden.

Bild 22: *Projektablaufplan (PAP)*

Netzplan

Nach DIN 69 900 ist ein Netzplan (Bild 23) „die grafische Darstellung von Ablaufstrukturen, die die logische und zeitliche Aufeinanderfolge von Vorgängen veranschaulichen". Die Arbeitspakete werden in ihre einzelnen Vorgänge zerlegt und zeitlich nacheinander oder parallel zueinander in Beziehung gesetzt.

Der Netzplan bildet dadurch ein grafisches Modell des Projektablaufs, aus dem der kritische Pfad hervorgeht. Der kritische Pfad ist diejenige Vorgangsabfolge, die keine Puffer zulässt. Kommt es zu Verzögerungen, verzögert sich der Abschluss des Gesamtprojektes.

Jedes Ereignis hat eine Nummer. Der frühestmögliche Ereigniszeitpunkt des Ereignisses 5 in Bild 23 errechnet sich aus der Dauer (4 Tage) des realen Vorgangs im Anschluss an den vorherigen. Die Abfolge 1–2–4–6–9 stellt in Bild 23 den kritischen Pfad dar. Um die spätesterlaubten Ereigniszeitpunkte zu ermitteln, wird vom möglichen Projektende ausgehend jeweils die Vorgangsdauer (3) des vorherigen Ereignisses (G) vom spätesterlaubten Ereigniszeitpunkt (20) des vorherigen Ereignisses (7) abgezogen. Dies ergibt im Beispiel 17 Tage.

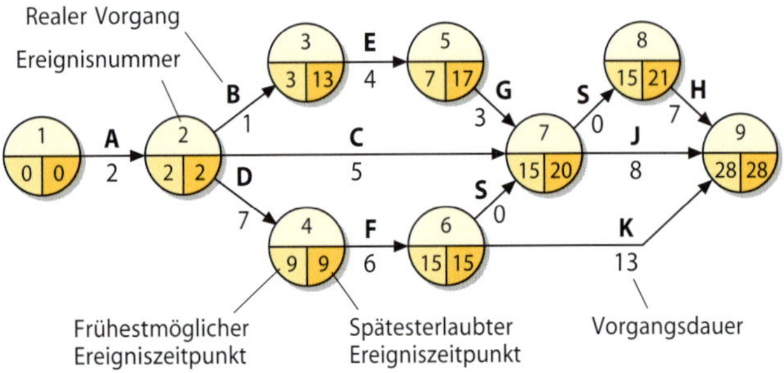

Bild 23: *Netzplan*

Risikoplan ⑤

Mit dem Risikoplan (Bild 24) können mögliche Schwierigkeiten und Hindernisse bei der zukünftigen Projektrealisierung bereits in der Planungsphase identifiziert und entsprechende Vorkehrungen getroffen werden. Es können auch Gegenmaßnahmen für antizipierte Probleme und deren Beseitigung geplant werden.

Folgende Vorgehensweise wird empfohlen:

- Prozessschritte, z. B. die des kritischen Pfades, benennen und visualisieren
- Sammeln möglicher Probleme zu den einzelnen Prozessschritten

- Erarbeiten von Gegenmaßnahmen zu jedem der aufgezeigten Probleme
- Priorisieren der Gegenmaßnahmen

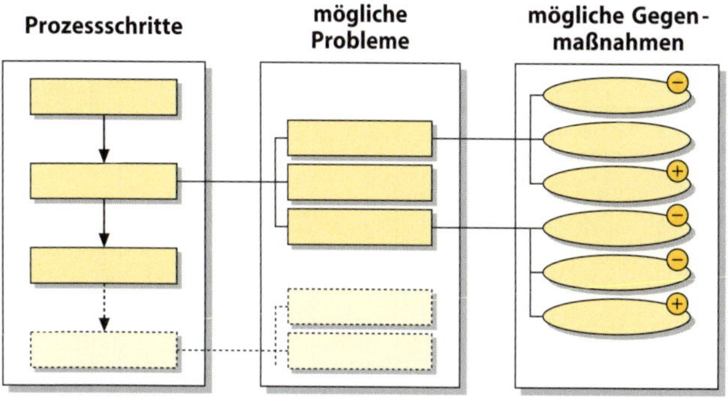

Bild 24: *Risikoplan*

Projektterminplan ⑥

Der Terminplan gibt Auskunft, wann von welchem Aufgabenpaket Arbeitsergebnisse vorliegen müssen und wer dafür verantwortlich ist. Die Aufgabenpakete können mit Hilfe eines Balkendiagramms (Bild 25) visualisiert werden. Sie werden als Balken über einer Zeitachse dargestellt. Die Längen der Balken entsprechen der zeitlichen Dauer des jeweiligen Aufgabenpaketes und geben damit einen optisch klaren Überblick über

- die Anfangs- und Endtermine,
- die entsprechenden Verantwortlichen sowie
- Team- und Lenkungskreistreffen.

Dadurch wird Transparenz darüber geschaffen, wann Entscheidungen anstehen und Projekttreffen einberufen werden.

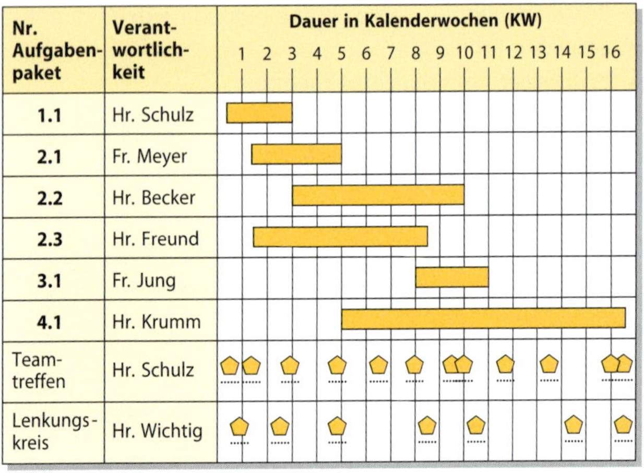

Bild 25: *Terminplan*

Kapazitätenplan ⑦

Die Kapazitätenplanung dient der Ermittlung des Aufwandes, der für das Ausführen der einzelnen Aufgabenpakete benötigt wird. Mit Hilfe eines Säulendiagramms (Bild 26) können personelle, maschinelle oder finanzielle Engpässe während der Projektarbeit ermittelt werden. Folgende Schritte müssen bei der Kapazitätenplanung beachtet werden:

- Festlegen der Kapazitätsarten (z. B. Mitarbeiter)
- Feststellen, wie hoch der Kapazitätsbedarf pro Zeiteinheit für die Erfüllung der jeweiligen Aufgabenpakete ist
- Ermitteln der Gesamtkapazität durch Kumulieren der benötigten Kapazitäten in den Teilprojekten pro Zeiteinheit
- Vergleich von Gesamt- mit vorhandener Kapazität

- Einleiten von Gegenmaßnahmen (z. B. Verschieben von Aktivitäten, Einstellen von Personal, Auftragsvergabe an Fremdfirmen)

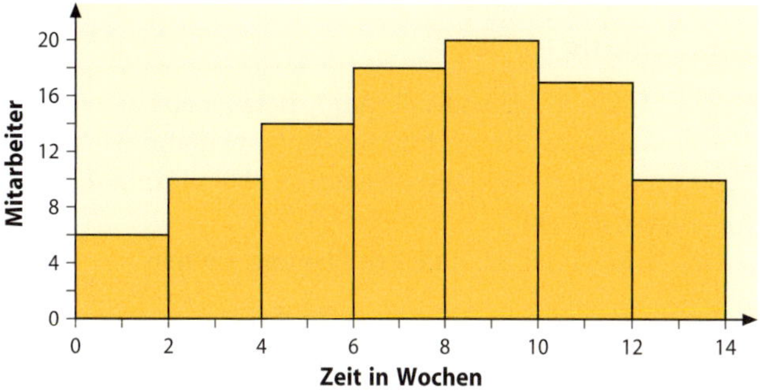

Bild 26: *Kapazitätenplan*

Projektkostenplan ⑧

Je nach Projektauftrag werden Finanzmittel benötigt. Die Kosten werden zunächst je Arbeitspaket ermittelt und als Gesamtübersicht über die Projektlaufzeit in einem Kosten-Zeit-Diagramm dargestellt.

Die entstehenden Projektkosten setzen sich zusammen aus den Personalkosten sowie aus den von außen zu beziehenden Sachmitteln und Dienstleistungen. Grundlage der Kalkulation sind zunächst Schätzungen (z. B. Zeitaufwand) entsprechend der zuvor erarbeiteten Pläne (Struktur-, Termin- und Kapazitätenplan).

Folgende Schritte sind bei der Kostenplanung zu berücksichtigen (Litke 1995):

- Definieren der Kostenpakete
- Kostenstruktur erarbeiten

- Ermitteln der Mengenansätze (Stunden, Material)
- Kalkulation der Selbstkosten
- Budgetzuteilung der leistenden Stellen

Dokumentation ⑨

Mit Struktur-, Ablauf-, Termin-, Netz-, Kapazitäten- und Kostenplan sind die wichtigsten Dokumentationen für die Steuerung eines Projektes erstellt. Die Planungsphase ist damit abgeschlossen.

Mit Hilfe dieser gründlichen Planung können

- relativ sichere Aussagen über den Projektverlauf getroffen werden,
- kritische Faktoren im Projektverlauf ermittelt und transparent gemacht werden,
- Maßnahmen zur Verminderung von Risiken entwickelt und dokumentiert werden,
- Ressourcen zielgerichtet bereitgestellt werden und
- Projekte effizient gesteuert werden.

Aktivitätenkatalog

Nr.	Aktivität	Wer?	Mit wem?	Bis wann?	An wen?	Fortschritt
①						⊕
②						⊕
③						⊕

Bild 27: *Aktivitätenkatalog*

- Sinnvollerweise sind sämtliche Aktivitäten mit Verantwortlichkeiten, Terminen und dem Abarbeitungsgrad in einem Aktivitätenkatalog (Bild 27) festzuhalten. Neben einer exzellenten Dokumentation ist dies der i-Punkt für eine optimale Projektsteuerung während der Realisierungsphase.
- In den regelmäßig stattfindenden Statusberichterstattungen findet ein Soll-Ist-Vergleich von (Teil-)Ergebnissen und deren Qualität, anhand der in der Planungsphase erarbeiteten Dokumentationen statt. Treten Differenzen auf, sind Korrekturmaßnahmen einzuleiten, um wieder in den Plan zu kommen.
- Sind alle geplanten Aktivitäten umgesetzt, wird dem Auftraggeber das Projektergebnis präsentiert und von diesem abgenommen. Der Projektabschlussbericht wird entsprechend Bild 28 verfasst und vorgelegt.

1. Projektabschlussbericht:	Datum:
2. Projektziel:	
3. Projektorganisation, -struktur:	
4. Projektergebnisse:	
5. Wichtige Ereignisse/kritische Situationen:	
6. Projektkosten:	
Projektleiter:	Projektauftraggeber:

Bild 28: *Projektabschlussbericht*

Mit dem Projektabschlussbericht sollte gleichzeitig die fachliche, organisatorische, methodische und interdisziplinäre Erfahrung für künftige Projekte gesichert werden.

5.5 Stufe 5: Prozessmanagement

WORUM GEHT ES?

Prozessmanagement ist eine Methode, mit deren Hilfe die Prozesse im Unternehmen systematisch auf die Kundenanforderungen ausgerichtet werden (siehe Pocket Power Prozessmanagement).

Die Gestaltung von Arbeitsabläufen orientiert sich häufig noch stark an der funktionalen Gliederung von Geschäfts- bzw. Abteilungsstrukturen (Taylorismus). Aufgrund dieser Strukturen besteht die Notwendigkeit, vorgegebene funktionale Ziele anzustreben, die zwangsläufig Teiloptimierungen zur Folge haben. Durch die Optimierung dieser funktionalen Gliederungen sind zunehmend voneinander abgegrenzte Organisationsstrukturen entstanden, die eine gemeinsame Umsetzung von globalen Zielen erheblich erschweren. Dadurch ist es häufig nicht möglich, auf Kundenwünsche und -anforderungen schnell, kostengünstig und mit der erwarteten Qualität zu reagieren.

> Um die permanente Anpassung an sich ändernde Kundenanforderungen vornehmen zu können, ist ein Denken in Prozessen, die sich an der Erfüllung der Kundeninteressen ausrichten, erforderlich.

Nach DIN EN ISO 9000 ist ein Prozess „ein System von Tätigkeiten, das Eingaben mit Hilfe von Mitteln in Ergebnisse umwandelt".

Generell können alle Arbeitsabläufe als Prozesse (Bild 29) betrachtet werden, denn sie bestehen aus Eingaben (z. B. Material, Informationen), aus Tätigkeiten (z. B. Prozessschritte, Verfahren) und aus Ergebnissen (z. B. Produkt, Dienstleistung).

Es gibt Schlüssel- und Supportprozesse. Schlüsselprozesse (z. B. Produktentwicklung, Produktion, Service) sind solche, die die unmittelbare Wertschöpfung für den Kunden erbringen. Supportprozesse (z. B. Öffentlichkeitsarbeit, Rechnungswesen) sind solche, die den Wertschöpfungsprozess unterstützen.

Für jeden Prozessschritt gibt es mindestens einen Lieferanten, der die Eingaben liefert und mindestens einen Kunden, der die Ergebnisse erhält. Jeder Mitarbeiter ist somit gleichzeitig Kunde und Lieferant.

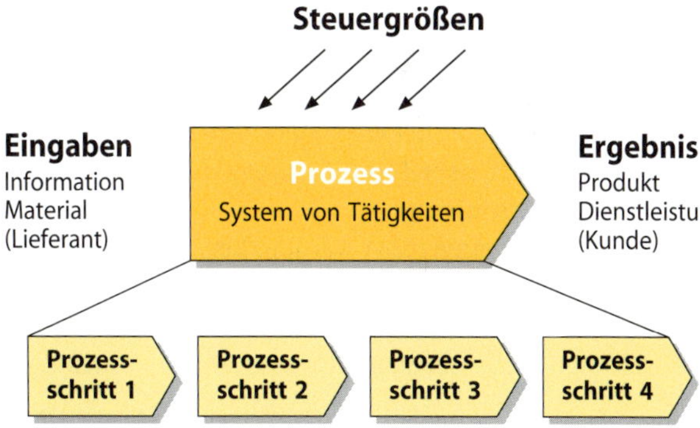

Bild 29: *Prozess*

Dies führt zu vielen kleinen Kunden-Lieferanten-Beziehungen, die sich durch das gesamte Unternehmen ziehen. Sie bilden schließlich die Geschäftsprozesse wie Innovations-,

Auftragsabwicklungs- und Kunden- bzw. Serviceprozess (siehe Bild 14).

Im Unterschied zum Process Reengineering werden beim Prozessmanagement die **bereits bestehenden** Prozesse entsprechend der strategischen Ausrichtung optimiert. Optimieren **bedeutet, Bestehendes zu verbessern und weiterzuentwickeln.** Prozessoptimierungen werden auf der Arbeitsebene mit den Mitarbeitern direkt durchgeführt, denn diejenigen, die unmittelbar am Prozess beteiligt sind, kennen die Schwachstellen und Verbesserungspotenziale am besten. Mitarbeiter, die in die Prozessoptimierung eingebunden werden, können sich mit ihrem Prozess und den anstehenden Veränderungen identifizieren. Es können Verantwortlichkeiten geklärt, die Kommunikation verbessert und die Motivation erhöht werden.

Prozessmanagement wird durchgeführt, wenn

- die Neuausrichtung des Unternehmens am Markt erfolgen soll, Beispiel globale Präsenz.
- Prozesse unterschiedlicher Unternehmen harmonisiert werden müssen, Beispiel Unternehmenszusammenschlüsse, In- oder Outsourcing.
- neue IT-Systeme eingeführt werden, Beispiel SAP, E-Commerce.
- Defizite nach einem Benchmarking beseitigt werden sollen.
- der ständige Verbesserungsprozess etabliert werden soll.

WAS BRINGT ES?

Jegliche Veränderungen im Unternehmen wirken sich zwangsläufig auf die Prozesse aus. Egal, ob es sich um Unternehmenszusammenschlüsse handelt, die z. B. zwei unterschiedliche Vertriebsabteilungen zusammenführen, um einen einheitlichen Vertriebsprozess zu etablieren und die internen Durchlaufzeiten zu verkürzen, oder ob ein global agierendes Unternehmen weltweit den gleichen Service für seine Kunden bieten möchte.

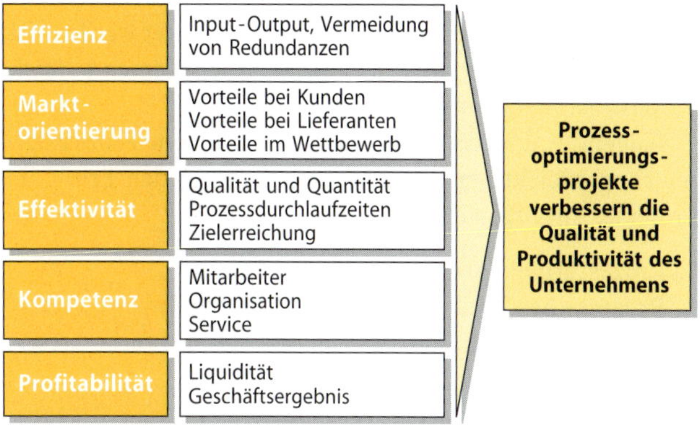

Bild 30: *Ziele von Prozessmanagement*

Ziele des Prozessmanagements sind (Bild 30):

- Steigerung der **Effizienz** durch kontinuierliche Verbesserungen in einem schnelllebigen Umfeld
- Erhöhung der **Marktorientierung** durch stärkere Kundenorientierung
- Steigerung der **Effektivität** durch Verkürzung der Time-to-Market- und klarer Ziel- und Ergebnisorientierung
- Steigerung der **Kompetenz** durch fortlaufendes Lernen und durch eindeutige Serviceorientierung
- Sicherung der **Profitabilität** durch Sicherstellen der Liquidität und der Fokussierung auf positive Geschäftsergebnisse

Dies führt letztlich zur Erhöhung von **Qualität** und **Produktivität.**

WIE GEHE ICH VOR?

Für die erfolgreiche Durchführung einer Prozessoptimierung sollte ein entsprechendes Projekt gestartet werden. Daher sollte die Methodik des Projektmanagements (siehe S. 70 ff.) angewendet werden.

Folgende Arbeitsschritte müssen bei einem Prozessoptimierungsprojekt berücksichtigt werden, um den Erfolg des Projektes sicherzustellen:

1. Prozessarbeit vorbereiten
2. Prozesse beschreiben
3. Prozesse strukturieren, lenken und ständig verbessern

Prozessarbeit vorbereiten

Für die Realisierung eines erfolgreichen Projektmanagements muss die **Struktur** mit folgenden klar definierten **Rollen** (Bild 31) geklärt werden:

- Projektauftraggeber (z. B. Vorstand, Geschäftsführer), der auch Entscheider sein kann.
- Lenkungs- oder Entscheidungsteam, das aus den Prozesseignern bestehen sollte.
- Projekt-Team, das aus Mitarbeitern, die am Prozess beteiligt sind, besteht. I. d. R. kommen die Mitarbeiter aus verschiedenen Abteilungen, wie z. B. Verkäufer, Kaufmann, Technischer Berater.
- Projektleiter, der das Projekt koordiniert und verantwortet.
- Ggf. Berater/Moderatoren, die das Projekt begleiten und die Workshops unterstützen.

- Projekt-Support, der die Vorbereitung, Durchführung und Dokumentation unterstützt.

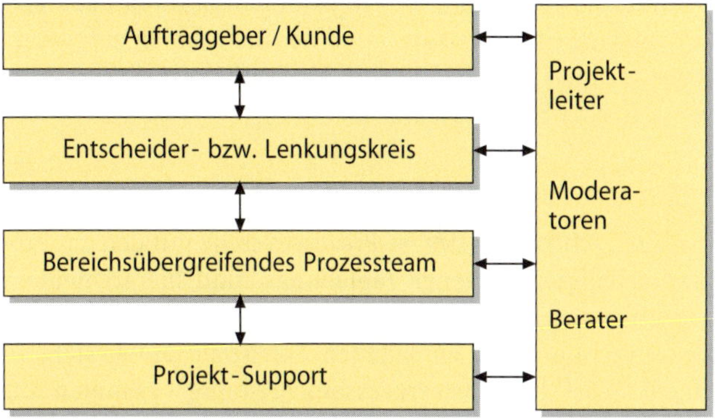

Bild 31: *Beispiel einer Projektstruktur*

Alle Rollen, die in der Projektstruktur benannt wurden, müssen definiert werden. Für jede Rolle werden die Aufgaben im Projekt beschrieben und daraus die Verantwortlichkeiten abgeleitet. Dieser Arbeitsschritt ist wichtig für das Verständnis und die Erwartungen der Personen, die diese Rollen ausfüllen.

Anschließend ist es notwendig, die **Ziele**, die **Ausgangssituation** (Aufgabe, Voraussetzungen und Ressourcen) und die **Rahmenbedingungen** für das Projektmanagement zu klären.

Zur Vorbereitung auf die bevorstehende Prozessoptimierung dient als „Startschuss" für das Projekt eine Kick-Off-Veranstaltung. Alle Projektbeteiligten, das Management und Schlüsselpersonen aus der Linienorganisation werden hier über das Projekt informiert und können sich kennen lernen.

Zu Beginn des Kick-Offs sollte der Auftraggeber erläutern,

wofür das Projekt wichtig ist, welche Ziele es hat und welche Mitglieder benannt wurden. Anschließend werden die Grundlagen vorgestellt, die Projektorganisation mit den Rollenbeschreibungen erläutert und der Zeitrahmen aufgezeigt. Als Abschluss bietet sich eine Motivations-Maßnahme an, wie z. B. eine Stehparty.

Prozesse beschreiben

Die Beschreibung des Ist-Prozesses sollte mit den am Prozess beteiligten Personen (abteilungs- und hierarchieübergreifend) durchgeführt werden, denn sie kennen ihren Prozess und die darin enthaltenen Potenziale am besten. In einem Workshop „Ist-Prozessbeschreibung" kommen die sog. Prozessteams zusammen. Der Workshop hat folgende Inhalte:

1. Gemeinsames Prozessverständnis erzeugen
2. Mapping des Ist-Prozesses
3. Aufzeigen von Barrieren im Ist-Prozess
4. Beseitigung von Barrieren

Dieser Workshop ermöglicht es den Mitarbeitern, ihren Prozess mit Unterstützung eines Moderators zu strukturieren sowie die im Prozess enthaltenen Probleme zu identifizieren und Lösungsmöglichkeiten aufzuzeigen.

Gemeinsames Prozessverständnis erzeugen

In einem ersten Schritt ist zu klären, was ein Prozess ist. Ein Prozess ist eine Abfolge von Arbeitsschritten. Jeder Arbeitsschritt benötigt eine Eingabe (Input), die durch eine bestimmte Handlung in ein Ergebnis (Output) umgewandelt wird (Bild 29).

Um abstrakte Beschreibungen für das Projektteam konkret zu machen, bietet sich ein Beispiel aus dem privaten Bereich an, das die Teilnehmer durchführen. Sehr anschaulich ist die Planung einer Party oder einer Familienurlaubsreise. Hierbei wird keiner durch betriebliche Belange gebremst.

Mapping des Ist-Prozesses

Mapping bedeutet, etwas bis ins Detail strukturiert darzustellen. In moderierten Workshops werden die Prozesse oder auch Teilprozesse von den Prozessteams entsprechend Bild 32 visualisiert und analysiert. Der Ist-Prozess wird Arbeitsschritt für Arbeitsschritt dargestellt.

Die Aktivitäten (z. B. Entscheidungen) werden entsprechend den Sinnbildern in Ablaufplänen nach DIN 66 001 festgehalten. Jeder Aktivität (Wie?) wird das entsprechende Output (z. B. das Produkt) zugeordnet (Was?).

Zusätzlich können die für jede Aktivität verwendeten oder benötigten Hilfsmittel bzw. Medien (Womit?) sowie die Zeitdauer der Aktivitäten (Wie lange?) zugeordnet werden. Auf jeder in Bild 32 dargestellten Linie sind mit schwarzen Kreisen die Verantwortlichen und mit weißen Kreisen die an einer bestimmten Aktivität Beteiligten (Wer?) eingetragen.

Die kombinierte Darstellung von Abläufen und Strukturen macht es möglich, auftretende oder potenzielle Probleme der ursächlichen Stelle genau zuzuordnen und damit präzise zu formulieren. Dies erleichtert das anschließende Ableiten konkreter Aktivitäten. Denn das Ergebnis eines Prozessmappings sollte ein von allen Beteiligten getragener Maßnahmenkatalog mit Verantwortlichkeiten und konkreten Terminen zur Problembeseitigung sein.

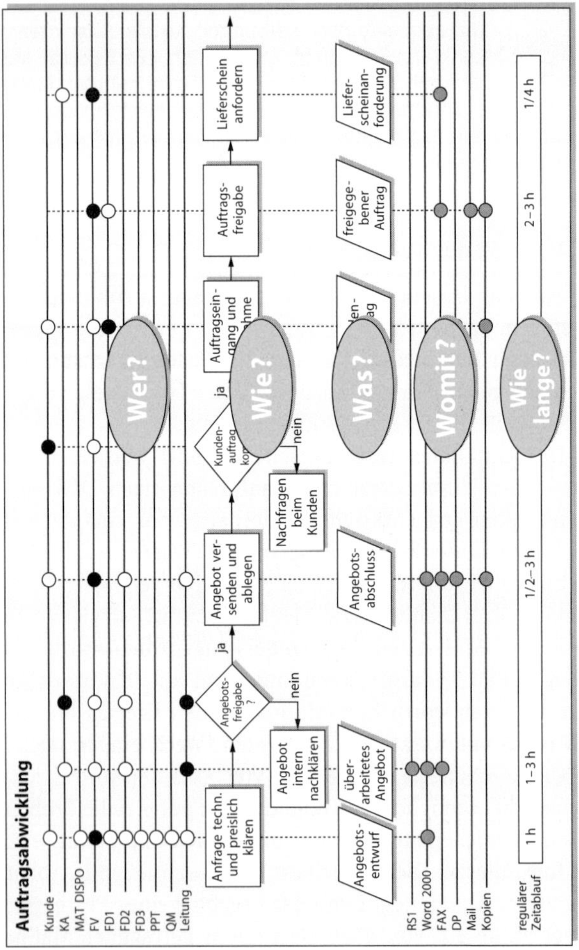

Bild 32: *Darstellung des Prozessmappings*

Quelle: Pocket Power Der Kontinuierliche Verbesserungsprozess.

Beim Mapping ist es wichtig, dass das Team ausreichend Zeit für Diskussionen hat. Hier wird das Gesamtprozessverständnis jedes Einzelnen gefördert. Z. B. Vertriebsbeauftragte verstehen, welche Probleme Service-Mitarbeiter haben und wie sich die Handlungen zu Beginn des Prozesses am Ende auswirken.

Ist die Zusammenführung von zwei Prozessen notwendig, z. B. aufgrund eines Unternehmenszusammenschlusses, müssen häufig unterschiedliche Begriffe geklärt werden. Das Mapping beider Prozesse erfolgt gleichzeitig, um Unterschiede und Gemeinsamkeiten zu erkennen. Das Team gewinnt dadurch die Erkenntnis, voneinander lernen zu können und wird motiviert, etwas Gemeinsames zu erarbeiten.

Aufzeigen von Barrieren im Ist-Prozess

Parallel zum Mapping des Ist-Prozesses ist das Team aufgefordert, alle **Probleme, die eine Verbesserung verhindern,** dort im Prozess an der Stelle zu visualisieren, wo sie auftreten, sie zu nummerieren und im Problemspeicher aufzuschreiben.

In der Regel sind dort Probleme im Prozess, wo das Projektteam im Workshop einen erhöhten Diskussionsbedarf hat. Hier ist der Moderator gefordert, das Team bei der Diskussion zu unterstützen.
Diese Probleme werden dann in einem **Themenspeicher** (siehe Bild 20) gesammelt und anschließend nach Dringlichkeit oder Wichtigkeit priorisiert. **Zur Beseitigung der definierten Probleme** ist es wichtig, in einem **Aktivitätenkatalog** (siehe Bild 27) entsprechende Verantwortlichkeiten und Termine für die Beseitigung der Barrieren zu definieren.

Für die anschließende engagierte Beseitigung der Barrieren ist es wichtig, dass der benannte Verantwortliche an der Ist-Prozessbeschreibung mitgearbeitet und sich selbst zur Beseitigung der Barrieren verpflichtet hat. Der Verantwortliche sollte durch entsprechend sachkompetente Personen aus dem Team oder andere Mitarbeiter des Unternehmens unterstützt werden. Das ist sogar gewünscht, denn so gelangt die Prozessoptimierung schnell auf eine breite Basis in der Organisation.

Beseitigung der Barrieren

Die Beseitigung der Probleme beginnt direkt nach dem Ist-Prozess-Workshop. Mit diesen Aktivitäten wird der Ist-Prozess verbessert und die Mitarbeiter lernen, Verbesserungsmöglichkeiten zu erkennen und aus eigener Kraft umzusetzen. Somit entwickelt sich bereits ein Soll-Prozess. Die Aktivitäten der Mitarbeiter müssen durch die Führungskräfte unterstützt werden. Der Projektleiter überprüft und kommuniziert den Fortschritt der Umsetzung.

Prozesse strukturieren und verbessern

Die Prozesse werden nun auf die Anforderungen der Kunden ausgerichtet. Dafür ist die Konzeption eines Soll-Prozesses mit folgenden Schritten notwendig:

1. Review der Barrierenbeseitigung
2. Definition von Prozesszielen
3. Planung und Mapping des Soll-Prozesses
4. Aktivitäten für die Implementierung entwickeln, umsetzen und überprüfen
5. Kontinuierliche Verbesserung der Prozesse

Review der Barrierenbeseitigung

Zu Beginn des Soll-Prozess-Workshops präsentiert jeder Verantwortliche die Ergebnisse seiner Barrierenbeseitigung. Offene und nicht erledigte Aktivitäten werden in eine Liste übernommen.

Definition von Prozesszielen

Für die einzelnen Teilprozesse, wie z. B. die Angebotserstellung, werden Ziele sowie der Anfangs- und Endpunkt des Teilprozesses definiert, um den Geschäftszweck zu verdeutlichen. Auch wird der Verantwortliche für diesen Prozess festgelegt. Folgende Fragen werden gestellt:

- Wozu führen wir den Prozess durch?
- Was ist das Ergebnis des Prozesses?
- Mit welchem Schritt beginnt der Prozess?
- Mit welchem Schritt endet der Prozess?
- Wer ist für den Prozess verantwortlich?

Mapping des Soll-Prozesses

Das Soll-Prozess-Mapping wird entsprechend der Vorgehensweise beim Ist-Prozess-Mapping durchgeführt, wobei für jeden Arbeitsschritt im Team folgende Fragen beantwortet werden müssen:

- Welche Arbeitsschritte müssen unbedingt durchgeführt werden?
- Wie müssen diese Schritte durchgeführt werden?
- Was ist das Ergebnis des Arbeitsschrittes?
- Wer ist für diesen Schritt verantwortlich?
- Wer ist an diesem Arbeitsschritt beteiligt?
- Wer erhält Informationen aus diesem Schritt?

- Womit soll der Schritt unterstützt werden?
- Wie lange darf der Arbeitsschritt dauern?

Das Ergebnis des Prozessmappings ist ein verkürzter und transparenter Prozess, den das Team als ihren neuen Soll-Prozess versteht. Diese Identifikation mit dem neuen Prozess ist wichtig, weil dadurch die Motivation für die Implementierung höher ist.

Aktivitäten für die Implementierung

Sobald der Soll-Prozess neu definiert ist, wird überprüft, ob nicht beseitigte Barrieren relevant für die Implementierung des neuen Prozesses sind. Wenn ja, werden diese als Aktivitäten in den neu zu erstellenden Aktivitätenkatalog (siehe Bild 27) übernommen. Für das effektive Implementieren der neuen Prozessschritte muss geklärt werden, was, wie, von wem, bis wann getan werden muss. Verantwortliche für die einzelnen Aktivitäten sind die jeweiligen Teammitglieder. Die Gesamtverantwortung trägt der Prozesseigner.

In der **Implementierungsphase** ist es wichtig, dass regelmäßig Reviews stattfinden, um den Status der Aktivitäten zu überprüfen. Diese Treffen geben Hilfestellung bei auftretenden Problemen.

Prozessarbeit vorbereiten, Prozesse beschreiben, strukturieren und implementieren dauert je nach Umfang des Prozesses und der darin enthaltenen Probleme i. d. R. zwei bis sechs Monate (Bild 33).

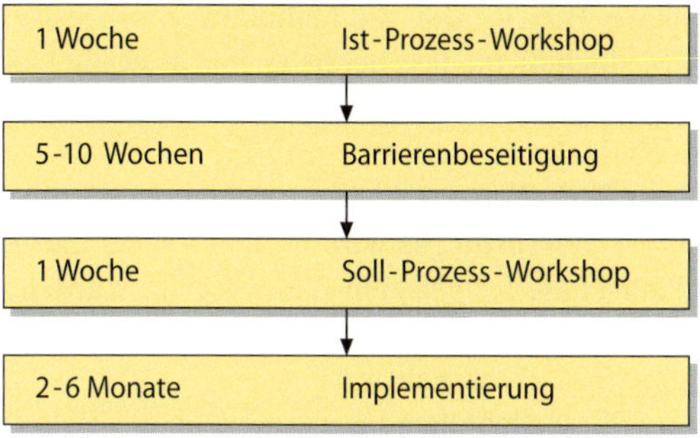

Bild 33: *Zeithorizont für das Prozessmanagement*

Kontinuierliche Verbesserung der Prozesse

Anschließend müssen die Prozesse kontinuierlich verbessert werden (siehe Pocket Power Der Kontinuierliche Verbesserungsprozess). Dies bedeutet für alle Prozessbeteiligten, ständig etwas zu lernen, um einerseits flexibel auf sich permanent ändernde Anforderungen reagieren zu können und andererseits das Bisherige permanent zu verbessern. Es geht dabei nicht um große Innovationen, sondern um kleine kontinuierliche Fortschritte. Diese Vorgehensweise beruht auf dem PDCA-Zyklus. Dieser steht für eine immer wiederkehrende Abfolge der vier Teilschritte (Bild 34):

- Planen (plan),
- Durchführen (do),
- Überprüfen (check),
- Agieren bzw. Verbessern (act).

Plan-Phase: Hier werden die Prozessziele (Qualität, Kosten, Zeit) festgelegt und die größten Barrieren analysiert. Anschließend werden Maßnahmen zu deren Beseitigung in einem Aktivitätenkatalog festgehalten.

Do-Phase: Hier werden die Maßnahmen umgesetzt. Dies bedeutet jedoch nicht, dass bei Bedarf nicht in die Plan-Phase zurückgekehrt werden kann, um die Ziele zu überprüfen und die Maßnahmen zu überarbeiten.

In der **Check-Phase** wird die Umsetzung der geplanten Maßnahmen überprüft. Es wird untersucht, ob und wie die in der Plan-Phase festgelegten Ziele erreicht wurden. Dafür werden die Ergebnisse kontrolliert, erfasst und im Aktivitätenkatalog (Bild 27) visualisiert.

Die **Act-Phase** dient dem Überprüfen, ob die Ziele erreicht wurden. Ist dies nicht der Fall, wird geprüft, warum es zu Abweichungen kam. Erfahrungen werden gesichert, indem man erfolgreiche Größen standardisiert und neue Verbesserungsaktivitäten initiiert.

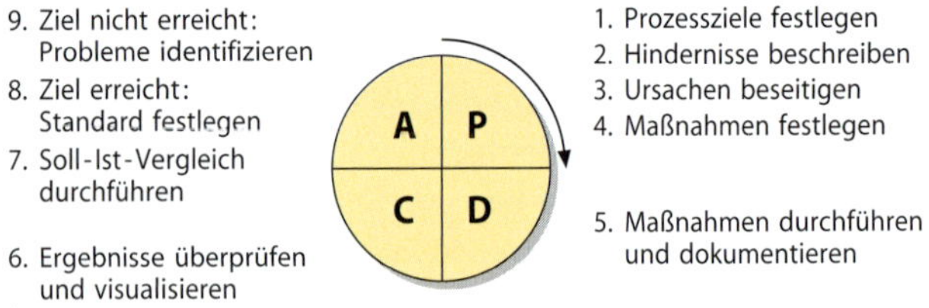

Bild 34: *PDCA-Zyklus*

5.6 Stufe 6: Hochleistungs-Teams

WORUM GEHT ES?

Die Umsetzung von Veränderungen wird heute hauptsächlich in Projekt- und Teamarbeit bewältigt. Ohne Projekt- und Teamarbeit lassen sich die aktuelle Veränderungsgeschwindigkeit und die sich ständig verkürzenden Produkt- und Organisationslebenszyklen kaum mehr bewältigen.

„Ein Team ist eine Gruppe von Menschen, die konstruktiv zusammenarbeiten und miteinander Probleme lösen, um die gemeinsam vereinbarten Ziele zu erreichen. Die engen Beziehungen, die die einzelnen Teammitglieder miteinander verbinden, tragen wesentlich zum Erbringen hervorragender Leistungen bei.“ (Pocket Power Der Kontinuierliche Verbesserungsprozess) Aus einer Gruppe von Menschen bildet sich aufgrund der vielschichtigen Verhaltensweisen unterschiedlicher Personen nicht zwangsläufig ein Team. Es bedarf der zielgerichteten und systematischen Steuerung der Teambildung. Auch wenn dies gewährleistet ist, garantiert eine zufällige Teamzusammensetzung noch kein Hochleistungs-Team. Vielmehr muss sichergestellt werden, dass alle im Team benötigten Eigenschaften mit Präferenzen der Einzelnen abgesichert sind. Um Veränderungen wirkungsvoll, schneller, menschenbezogener und nachhaltig erfolgreich zu bewältigen, entwickelten Margerison und McCann (Margerison; McCann 1995) eine Methode zur Entwicklung von Hochleistungs-Teams. Basis des Modells sind die Arbeitspräferenzen der einzelnen Teammitglieder.

WAS BRINGT ES?

Mit der Methodik zur Bildung von Hochleistungs-Teams lassen sich folgende **Ziele in der Teamarbeit** erreichen (nach Wagner; Schnappauf 2000):

- **Stärkung des Wir-Gefühls und der Eigenmotivation** durch Teamidentität und Wertschätzen der Individualität des Einzelnen.
- **Zielorientierte Stärkenbindung der Mitglieder** durch Identifizierung der individuellen Fähigkeiten und Abstimmen

dieser mit den Team-Zielen. (Jeder leistet seinen Beitrag zum Erfolg!)

- **Erhöhung der Leistungsqualität und der Flexibilität** durch ausgewogene Teams, die alle Aspekte der Arbeit betrachten.
- **Steigerung der Innovationskraft** durch das begeisterte Aufgreifen und Weitertragen von Ideen sowie durch das Weiterentwickeln und systematische Umsetzen in neue Produkte.
- **Stärkung der Verantwortungsbereitschaft und des Engagements** durch sach- und präferenzbezogene Aufgabenverteilung. Denn für das, was der Einzelne gern tut und gut kann, trägt er auch gern die Verantwortung.
- **Steigerung der Effektivität** durch das Wissen, welche Anforderungen gestellt und welche Qualitäten gebraucht werden.
- **Stärken-Orientierung statt Schwächenminimierung** durch Wissen und Kommunikation der Fähigkeiten und Präferenzen der Teammitglieder. So entstehen Konsens und konstruktive Kooperation.

WIE GEHE ICH VOR?

Es gibt folgende **neun Instrumente zur Bildung und Aufrechterhaltung von Hochleistungs-Teams:**

1. Teamfindung (Wer sind wir?)
2. Standortbestimmung (Wo stehen wir?)
3. Zieldefinition (Wo wollen wir hin?)
4. Zielerreichung (Wie kommen wir dorthin?)
5. Effektivitätsmanagement (Wie effektiv sind wir?)
6. Erwartungsmanagement (Was erwarten wir von uns?)
7. Unterstützungsbedarf (Welche Unterstützung brauchen wir?)

8. Außenwirkung und Anerkennung (Welche Anerkennung bekommen wir?)
9. Teamintegration (Welche Einbindung brauchen wir?)

Die Instrumente können mehrfach, je nach Bedarf, angewendet werden. Bei der Anwendung kommt es darauf an, dass alle Teammitglieder die Instrumente verstehen und anwenden können, denn sie sind Selbststeuerungsmechanismen. Lediglich die erstmalige Anwendung sollte von erfahrenen Beratern unterstützt werden.

Teamfindung – Wer sind wir?

Jedes Teammitglied bringt unterschiedliche Fähigkeiten, Präferenzen und Stärken mit ins Team. Auch die Art und Weise, mit Konflikten umzugehen und Probleme zu lösen, ist verschieden. Das Team sollte zu Beginn der Arbeit wissen, wie diese Unterschiede bei jedem Einzelnen ausgeprägt sind und welche Auswirkung das auf das Gesamt-Team hat.

Die Unterschiede lassen sich mit dem Team Management System (TMS) feststellen. Dieses System wurde von Margerison und McCann erarbeitet und basiert auf der Typentheorie von C. G. Jung. Jung hat in seinen Forschungen festgestellt, dass Menschen Präferenzen in ihrem Verhalten haben.

Eine Präferenz für ein bestimmtes Verhalten zu haben bedeutet, dass die jeweilige Person dieses Verhalten bevorzugt und somit leichter weiterentwickeln kann.

Im TMS werden die persönlichen Präferenzen jedoch nur bezogen auf das berufliche Umfeld gemessen.

Die vier messbaren Arbeitspräferenzbereiche sind:

1. **Wie ist die Interaktion mit anderen?**
   Extrovertiert oder introvertiert?

2. **Wie werden Informationen gesammelt und genutzt?**
   Praktisch oder kreativ?
3. **Wie werden Entscheidungen gefällt?**
   Analytisch oder gefühlsmäßig?
4. **Wie ist die Organisation?**
   Strukturiert oder flexibel?

Mittels eines Fragebogens, den jedes Teammitglied für sich beantwortet, erfolgt die Messung der Präferenzen.

Die unterschiedlichen Ausprägungen der Präferenzen werden im TMS mit **8 Arbeitsrollen** beschrieben (nach Margerison; McCann 1997):

- **Informierter Berater:** Sammelt und gibt Informationen weiter
- **Kreativer Innovator:** Kreiert und experimentiert mit neuen Ideen
- **Entdeckender Promotor:** Erkundet und präsentiert neue Möglichkeiten
- **Auswählender Entwickler:** Bewertet und testet die Brauchbarkeit neuer Ansätze
- **Zielstrebiger Organisator:** Definiert Maßnahmen, um Pläne in der Praxis zu verwirklichen
- **Systematischer Umsetzer:** Erfüllt die Aufgaben nach Plan und erbringt die Leistung
- **Kontrollierender Überwacher:** Kontrolliert und prüft das Funktionieren von Systemen
- **Unterstützender Stabilisator:** Sichert Qualität und Abläufe, trägt zur Atmosphäre im Team bei

Das Ergebnis eines TMS-Profils ist die Beschreibung von einer Haupt- und zwei Nebenrollen für jedes Teammitglied. In Hochleistungs-Teams muss jede der 8 Rollen ausgefüllt werden. Zusätzlich muss die Rolle des **Teamintegrators,** der den Teamprozess koordiniert und alle Teammitglieder integriert, übernommen werden. Im Team wird entschieden, wer welche Rolle übernehmen kann. Eine Person kann mehrere Rollen ausfüllen. Sichergestellt werden sollte, dass die Rollenverteilung ausgewogen ist, denn hinter den Rollen stehen Aufgaben und Verantwortung.

Standortbestimmung – Wo stehen wir?

Für die Standortbestimmung gibt es drei Module:

- **Teamentwicklungsprozess**
- **Teamrollen-Balance**
- **Team-Stärken und -Herausforderungen**

Jede Gruppe durchläuft unabhängig von der Arbeitsaufgabe, der Situation, dem Umfeld und den unterschiedlichen Persönlichkeitsausprägungen einen **Teamentwicklungsprozess,** der durch vier Phasen gekennzeichnet ist (siehe Pocket Power Coachingtechniken):

- **Orientierungsphase (Forming):** freundlicher Umgangston, Konfliktvermeidung, Anfangsbegeisterung, Suche nach Orientierung, Arbeitsleistung mittelmäßig
- **Konfliktphase (Storming):** Wettbewerb untereinander, verdeckte Konflikte, Zweifel an Sinn und Zielen, Methodendiskussionen, Arbeitsleistung sinkt
- **Organisationsphase (Norming):** Reflektion der Situation, Teamregeln, Arbeitsleistung steigt in Qualität und Quantität, Wir-Gefühl entwickelt sich
- **Integrationsphase (Performing):** Teameffizienz, vertrauensvolle Zusammenarbeit, Autonomie zur Außenwelt, Arbeitsleistungen am besten

Das Team muss sich gemeinsam bewusst werden, in welcher Phase es sich befindet und wie das Erreichen der nächsten Phase zu beschleunigen bzw. die Integrationsphase aufrechtzuerhalten ist.

Bei der **Teamrollen-Balance** kommt es darauf an, dass die wesentlichen Aufgaben jeder Rolle in der täglichen Teamarbeit ausgewogen sind, um Qualität und Effektivität sicherzustellen. Folgende Fragen werden gestellt und die Antworten bewertet:

- Wie gut werden wir mit notwendigen Informationen für unsere Aufgaben versorgt?
- Wie gut sind wir bei der Entwicklung neuer Ideen?
- Wie gut sind wir bei der Bewertung neuer Ideen?
- Wie gut sind wir bei der Teamorganisation?
- Wie gut sind wir bei der Zielerreichung?
- Wie gut sind wir bei der Arbeitsüberwachung?
- Wie gut halten wir die gesetzten Standards ein?
- Wie gut stellen wir uns nach außen dar?
- Wie gut funktioniert unsere Integration im Team?

Aus der Bewertung ist erkennbar, wo Handlungsbedarf besteht. Daraus werden Maßnahmen, wie z. B. die Überprüfung auf Ausgewogenheit der Arbeitsrollenverteilung, entwickelt und die Verantwortung für die Umsetzung der Maßnahmen festgelegt.

Um die **Team-Stärken und -Schwächen** bzw. die **Team-Herausforderungen** zu bearbeiten, bietet sich ein kurzes Brainstorming mit folgenden Fragen an:

- Welches sind unsere Haupt-Stärken in unserem Team?
- Welches sind die Haupt-Schwächen in unserem Team?
- Welche Herausforderungen gibt es für unser Team bzw. für unsere Teamarbeit?

Je nach Teamauftrag sollte die Standortbestimmung wöchentlich, z. B. im Team Jour fixe, durchgeführt werden. Damit wird sichergestellt, dass die Standortbestimmung ein Instrument zur kontinuierlichen Verbesserung des Teamprozesses ist.

Zieldefinition – Wo wollen wir hin?

Ein gemeinsames Ziel, das mit den Geschäftszielen korreliert, ist eine wesentliche Voraussetzung für erfolgreiche Teams. Das Ziel unterstützt die Entwicklung eines gemeinsamen Verständnisses für die Erfüllung der anstehenden Aufgaben. Es setzt den Maßstab für den Teamerfolg und fokussiert die Kreativität. Das Ziel sollte klar, verständlich, kurz und motivierend formuliert sein.

Inhalte der Zielformulierung sind:

- **Was** soll erreicht werden?
- **Wem** soll das Erreichte nutzen, z. B. Internen oder externen Kunden?
- **Wie** sieht der konkrete Nutzen aus, z. B. Qualitätsparameter, Werte, Preis?

Je nach Teamaufgabe kann es wichtig sein, ein Hauptziel mit mehreren Teilzielen zu formulieren. Es ist möglich, das Was, Wie, Wer, Wann als Teilziele zu formulieren. Die Einprägsamkeit der Formulierung ist wichtig, denn Menschen können sich meist nicht mehr als zwei Zielformulierungen merken. Alle weiteren werden interpretiert.

Zielerreichung – Wie kommen wir dorthin?

Um das angestrebte Ziel zu erreichen, sollten die Team-Erfolgsfaktoren zu Beginn der Teamarbeit definiert und regelmäßig überprüft werden. Erfolgsfaktoren und ihre variablen Fragestellungen sind:

- **Informationsbeschaffung**
  Welche Informationen werden gebraucht?
  Warum und wann werden sie gebraucht?
  Wo und in welcher Form sind sie erhältlich?
  Wer besorgt die Informationen?
- **Entwicklung neuer Ideen**
  In welchem Bereich unserer Arbeit können wir was verbessern?
  Wie können wir es verbessern?
- **Bewertung und Umsetzung neuer Ideen**
  Welchen Nutzen hat die neue Idee für unseren Kunden oder für unser Team?
  Kann die Idee in die Praxis umgesetzt werden? Wenn ja, wie?
- **Teamorganisation zur Zielerreichung**
  Wie gut sind wir organisiert?
  Was sind unsere Ziele?
  Wer tut was zur Zielerreichung?
- **Teameffektivität zur Zielerreichung**
  Wie sehen unsere Arbeitsabläufe aus? Sind sie effizient?
  Wo gibt es Potenziale?
  Wie stellen wir sicher, dass Qualität, Zeit, Kosten erreicht werden?
- **Qualitätssicherung**
  Ist ausreichendes Berichtswesen jederzeit für jeden verfügbar?

Welche Qualitätsstandards haben wir?
Wie überprüfen wir den Arbeitsfortschritt?
Wie wird die Arbeitsqualität sichergestellt?

- **Außendarstellung**
  Wer ist Kunde und was denkt er über uns?
  Was leistet unser Kommunikationskonzept?
  Gibt es Themen, die wir stärker nach außen bringen müssen?
- **Teamintegration**
  Wie stellen wir die Einbindung aller sicher?
  Wer kümmert sich um das „Wohlfühlen" im Team?
  Wie schaffen wir eine gemeinsame Basis für Entscheidungen?

Effektivitätsmanagement – Wie effektiv sind wir?

Um die Effektivität des Teams zu messen und zu steigern, gibt es zwei Instrumente:

- Benchmarking
- Review des Teamprozesses

Für das **Benchmarking** werden die vom Team erreichten Ergebnisse (Output) und die erzielte Wirkung (Outcome) mit neutralen Größen von intern oder extern (Benchmarks) verglichen. Die Differenz wird dokumentiert und mit Maßnahmen zur Verbesserung hinterlegt.

Die Beschaffung von Benchmarks (Pocket Power Benchmarking) stellt sich oft als problematisch dar. Empfehlenswert ist es, nur wenige, aber prägnante Projektergebnisse zu benchmarken und dafür Ergebnisse aus Best Practice-Projekten von intern und extern zu nutzen.

Mit Hilfe des **Teamprozess-Reviews** soll festgestellt werden, wie etwas durchgeführt wurde und nicht, was getan wurde. Es geht darum, Verhaltensaspekte zu beleuchten und das Team zu ermutigen, sich gegenseitig offenes Feedback zu geben. Die Teammitglieder sollen konstruktiv diskutieren, wie Verhaltensweisen bzw. Verfahrensweisen verbessert werden können, und sich nicht destruktiv auf Beschwerden ohne Folgeaktivität zurückziehen. Für Hochleistungs-Teams ist der Teamprozess-Review essentiell, denn er unterstützt die Integrationsphase, in der die Arbeitsergebnisse am besten sind.

Erwartungsmanagement – Was erwarten wir von uns?

Alle Teammitglieder müssen verstehen und zustimmen, was von ihnen erwartet wird und welche Regeln im Team gelten.

Teamregeln verbessern die Effektivität der Teamarbeit und tragen dazu bei, dass die Konfliktphase verkürzt werden kann. Es ist sinnvoll, die Teamregeln mit allen Teammitgliedern zu Beginn zu erarbeiten. Beispiele für Teamregeln sind:

- Offene Kommunikation
- Pünktlich und vorbereitet zu Teamsitzungen erscheinen
- Akzeptanz neuer Ideen und anderer Meinungen

Um die **Erwartungen** an die Teammitglieder zu definieren, muss zuerst die **Absicht** für die Teammitgliedschaft geklärt werden. Aus der Absicht heraus wird die **Rolle** beschrieben und die **Verantwortung** festgelegt.

Typische Fragen für das Erwartungsmanagement sind:

- Warum bin ich Mitglied in diesem Team? (**Absicht**)
- Welche **Rolle** mit welchen Aufgaben soll ich übernehmen?

- Welche **Verantwortung** leitet sich aus der übernommenen Rolle und den Aufgaben ab?

Diese Fragen sollten zu Beginn der Teamarbeit von jedem selbst und dann im Austausch mit dem Gesamtteam beantwortet werden. Das führt zur Klarheit des Einzelnen und zur Transparenz im Team.

> Das Erwartungsmanagement kann noch erweitert werden durch die Anforderungen von außen, d. h. welche Verantwortung sieht beispielsweise der Kunde oder die Organisation beim Team.

Unterstützungsbedarf – Welche Unterstützung brauchen wir?

Um die Fähigkeiten und die Leistung eines Teams kontinuierlich auf hohem Niveau zu halten, braucht ein Team und jeder Einzelne im Team:

- Möglichkeiten zu Lernen und Trainings
- Coaching
- Mentoring/Partnering

Lern- und Trainingsinhalte ergeben sich aus der/den Rollen, die ein Teammitglied übernommen hat. Jeder ist für sich selbst verantwortlich, seine Schwächen in Stärken umzuwandeln. Ca. 5 Prozent der Jahresarbeitszeit sollten Lernzeit sein. Womit nicht nur Lernen außerhalb des Projektes gemeint ist, sondern auch innerhalb, z. B. von erfahrenen Teammitgliedern.

Coaching wird innerhalb des Teams praktiziert. Als Coach agieren neben dem Teamleiter auch führungserfahrene Teammitglieder. Coaching sollte auf die soziale und persönliche Kompetenz des Einzelnen fokussiert sein und immer die positiven Aspekte hervorheben, um dann Potenziale zur Verbesserung aufzuzeigen.

Mentoring/Partnering wird häufig neuen Mitgliedern angeboten, um sich nicht nur im Team, sondern auch in der Organisation zu orientieren. Der Mentor/Pate steht außerhalb des Teams und berät aufgrund seiner Erfahrung.

Außenwirkung und Anerkennung – Welche Anerkennung bekommen wir?

Um die Leistung von Teams und ihren Mitgliedern anzuerkennen und damit die Personen zu motivieren, bieten sich 3 Möglichkeiten an:

- Feedback
- Individuelles Incentive/Prämie
- Team-Incentive oder Auszeichnung

Feedback bedeutet, jemanden für seine Leistung zu loben und diese nicht als selbstverständlich zu betrachten sowie sachlich und konstruktiv auf Verbesserungspotenziale aufmerksam zu machen, ohne dabei persönlich verletzend zu sein.

Beim **individuellen Incentive/Prämie** handelt es sich oft um einen zusätzlichen Gehaltsbestandteil, der von einem erreichten Ergebnis abhängt. Dieses Incentive sollte zu Beginn der Teamarbeit festgelegt sein und mit der Rolle im Team korrelieren. Der Maßstab für das Incentive muss nachvollziehbar sein. Hilfreich ist eine schriftliche Vereinbarung der Beteiligten über Ziele, Ergebnisse und Rahmenbedingungen.

Das Team-Incentive oder die **Auszeichnung** muss keinen direkten monetären Charakter haben, sondern kann z. B. ein verlängertes Teamwochenende (ggf. mit Partnern) sein.

Auch hier gilt, der Maßstab für das Erreichen muss klar definiert sein und mit dem Team zu Beginn kommuniziert sein. Team-Incentives eignen sich bei Erreichen von Meilensteinen in Projekten, um die Motivation zu steigern und das Wir-Gefühl zu stärken.

Teamintegration – Welche Einbindung brauchen wir?

Erfolgreiche Teamarbeit braucht persönliche Atmosphäre und ein starkes Wir-Gefühl. Erfolgreiche Hochleistungs-Teams haben dafür einen Teamintegrator. Der Teamintegrator übernimmt die Rolle eines Moderators oder Coaches. Er hat die Aufgabe, die eigenständige Entwicklung und Zusammenarbeit der Gruppe zu ermöglichen sowie deren Selbststeuerung zu gewährleisten und aufrechtzuerhalten. Dafür hat der Teamintegrator seinen Fokus auf der Entwicklung des Teamprozesses und achtet auf das Wohlbefinden der Einzelnen.

Wesentliche Aktivitäten des Teamintegrators sind:

- Kommunikation zu allen Teammitgliedern aufbauen und pflegen
- Aktiv zuhören
- Konflikte im Team erkennen und zur Lösung beitragen
- Gemeinschaftliche Entscheidungsprozesse unterstützen

5.7 Stufe 7: Effektive Selbstführung

WORUM GEHT ES?

Während die Initiative für eine Unternehmensveränderung vom Topmanagement ausgehen muss, ist es an den Mitarbeitern, diese Veränderungen zu realisieren. Sie müssen befähigt, ermutigt und ermächtigt werden, ihre Denk-

und Verhaltensweisen den neuen Gegebenheiten flexibel anzupassen. Dies setzt die Fähigkeit zur effektiven Selbstführung voraus.

Effektive Selbstführung ist keine Methode, sondern eine an Prinzipien orientierte Lebensphilosophie, die für Mitarbeiter und Führungskräfte in unterschiedlicher Ausprägung gleichermaßen gilt. Ziel ist es, kontinuierlich und konsequent zu persönlicher Sicherheit, Stärke, Klarheit und Zielorientierung zu gelangen, wobei der eigene Handlungsspielraum erweitert wird, ohne den Handlungsbereich anderer einzuschränken.

Diese Fähigkeit kann nur durch einen persönlichen Veränderungsprozess von Denk- und Verhaltensweisen, in dessen Mittelpunkt das selbstverantwortliche Handeln steht, entwickelt werden.

WAS BRINGT ES?

Veränderungsvorhaben scheitern u. a. aufgrund von Menschen, die auf Unabhängigkeits- und Konkurrenzdenken konditioniert werden. Veränderung wird jedoch durch, mit und von Menschen vollzogen. Selbstverantwortlich handelnde Mitarbeiter sind das wichtigste Kapital im Unternehmen, denn sie realisieren (oder blockieren) die Veränderungen.

WIE GEHE ICH VOR?

Für den persönlichen Veränderungsprozess werden die folgenden sieben Prinzipien vorgeschlagen (nach Covey 1992):

Prinzip 1: Proaktiv handeln
Prinzip 2: Das Ziel vor Augen haben
Prinzip 3: Zeitmanagement nutzen

Prinzip 4: Win-Win-Denken
Prinzip 5: Wertschätzend kommunizieren
Prinzip 6: Probleme gemeinsam kreativ lösen
Prinzip 7: Selbstführung kontinuierlich verbessern

Prinzip 1: Proaktiv handeln

Wir neigen dazu, persönliche Einschränkungen darauf zurückzuführen, dass gewisse Verhaltensweisen vererbt, anerzogen oder eine Folge der persönlichen Umstände sind. Näher betrachtet erkennt man jedoch, dass der Mensch zwischen Reiz und Reaktion die Freiheit hat zu wählen. Wir müssen nicht „automatisch" reagieren, denn unser Verhalten ist eine Funktion unserer Entscheidungen, nicht der Umstände.

> Proaktiv zu sein bedeutet, Verantwortung für sein Leben zu übernehmen – zu agieren, statt zu reagieren.

Jeder Mensch hat eine Interessensphäre, in die alle Belange, die **er** für **wichtig** hält, fallen. Gleichzeitig hat er einen Einflussbereich, der im Allgemeinen eine Teilmenge der Dinge in der Interessensphäre umfasst.

Reaktive Menschen betrachten ihre Interessensphäre, also Dinge, auf die sie in der Regel keinen Einfluss haben. Die dabei freigesetzte negative Energie lässt ihren Einflussbereich schrumpfen. **Proaktiv** sein bedeutet dagegen, innerhalb seines Einflussbereiches nicht nur auf äußere Reize zu reagieren, sondern Eigeninitiative hervorzubringen und damit seinen Einflussbereich zu erweitern.

> Machen Sie sich bewusst, was Ihre Werte und Prinzipien sind. Lassen Sie nicht andere darüber entscheiden, was für Sie wichtig ist.

Berücksichtigen Sie dafür folgende Punkte (Covey 1992):

- Betrachten Sie Ihre Umgebung und Ihre Sprache.
- Machen Sie sich in jeder Situation deutlich, dass Sie mehrere Optionen haben, aus denen Sie auswählen können.
- Überlegen Sie sich, welche Konsequenzen aus den einzelnen Optionen resultieren könnten.
- Auf dieser Basis treffen Sie die Entscheidung.

> Achten Sie auf Ihre Wortwahl. Die Ausdrücke **„Ich muss"** oder **„Ich kann nicht"** deuten auf eine reaktive Verhaltensweise hin. Die Verantwortung für Konsequenzen wird abgegeben.

> Benutzen Sie Formulierungen wie **„Ich will (nicht)"** oder **„Ich wähle".** Sie belegen, dass Sie eine eigenständige Entscheidung getroffen haben.

> Verantwortung ist die Einsicht darüber, dass Sie, um Erfolg zu haben, Entscheidungen entsprechend Ihrer Prioritäten treffen müssen.

Prinzip 2: Das Ziel vor Augen haben

Alle Dinge werden zweimal erschaffen. Sie entstehen zunächst im Kopf, erst dann können sie realisiert werden. Häufig vollzieht sich der erste mentale Entwurf unbewusst. Dadurch wird Verantwortung abgegeben. Andere Menschen bekommen vermeintlich oder tatsächlich Macht über unser Leben.

Wir können jedoch entscheiden, ob wir der Gestalter unseres Lebens sein wollen, oder umsetzen, was die Umstände, fremde Terminkalender oder alte Gewohnheiten uns vorgeben.

Das Ziel vor Augen haben bedeutet, eine persönliche Lebensaussage für sich selbst zu formulieren. Die täglichen Aktivitäten können dann so ausgerichtet werden, dass wir unseren Zielen immer ein kleines Stück näher kommen.

Eine wohlformulierte persönliche Lebensaussage hilft Ihnen, sich darauf zu konzentrieren,

- **wie** Sie sein wollen (Charakter),
- **was** Sie tun wollen (Beiträge und Leistungen) und
- **welche** Werte Ihrem Sein und Tun zugrunde liegen.

Zur Entwicklung Ihrer persönlichen Lebensaussage stellen Sie sich Meilensteine Ihres Lebens (z. B. Geburtstage, Jubiläen oder Ihre Pensionierung) in der Zukunft vor. Welche Erfolge würden Sie gerne feiern? Visualisieren Sie diese detailreich. Zur Erleichterung können Sie Ihre Lebensaussage in die verschiedenen Bereiche Ihres Lebens, in denen Sie sich Ziele setzen wollen, aufteilen:

- Physisch (z. B. Gesundheit, Aussehen)
- Mental (z. B. persönliche und berufliche Erfolge)
- Sozial (z. B. Beziehungen zu Partnern, Kollegen)
- Spirituell (z. B. Ausstrahlung, Demut)

Diese Aufgabe lässt sich nicht an einem Tag erledigen. Sie verlangt eine tiefe Innensicht und Selbstbeobachtung sowie Kontinuität und Konsequenz.

Prinzip 3: Zeitmanagement nutzen

Der effektive Umgang mit Zeit ist eine wichtige Fähigkeit für persönliches Management. Es ist das Organisieren und Agieren rund um Prioritäten. Alle Aufgaben lassen sich nach Dringlichkeit und Wichtigkeit einteilen.

Dringend heißt, etwas bedarf sofortiger Aufmerksamkeit. **Wichtigkeit** hat mit Ergebnissen zu tun. Eine Aktivität ist dann wichtig, wenn sie mich dem Erreichen meiner Lebensaussage und den daraus abgeleiteten Zielen näher bringt.

	Dringend	**Nicht dringend**
Wichtig	**I** Krisen Drängende Probleme Projekte Besprechungen Vorbereitungen mit Zeitlimit	**II** Vorbereitung, Vorbeugung Werteklärung, Planung Beziehungsarbeit Echte Erholung Förderung der Selbstverantwortung
Nicht wichtig	**III** Unterbrechungen, einige Anrufe Manche Post, einige Berichte Einige Konferenzen Drängende Angelegenheiten	**IV** Triviales, Geschäftigkeit Wurfsendung Manche Anrufe Zeitverschwender Fluchtaktivitäten

Bild 35: *Zeitmanagement-Matrix*

Quelle: Covey 1992.

Setzt man Dringlichkeit und Wichtigkeit ins Verhältnis zueinander, so erhält man vier Quadranten (Bild 35).

In **Quadrant I** stehen die wichtigen und dringenden Aktivitäten. Sie erfordern eine sofortige Reaktion. Eine Ausrichtung auf Quadrant I bedeutet problemorientiertes Krisenmanagement und führt zu Stress.

In den **Quadranten III** und **IV** stehen weniger wichtige Dinge, die delegiert oder völlig weggelassen werden sollten. Hier sind Aktivitäten angesiedelt, von denen wir uns leicht ablenken lassen und die schnell einen ganzen Arbeitstag ausfüllen können, an dessen Ende unwesentliche Ergebnisse stehen.

In **Quadrant II** stehen die wichtigen Dinge, die aber keine sofortige Aktion erfordern. Hier ist proaktives Herangehen gefragt, denn diese Aktivitäten werden häufig auf die Warteposition gesetzt, für Tage, „wenn ich mal Zeit habe". Quadrant-II-Aktivitäten bilden jedoch das Kernstück von effektivem persönlichem Management. Eine Konzentration auf diesen Teil hilft, den Umfang von Quadrant I zu reduzieren. Zu den wichtigen, aber nicht dringenden Dingen gehören z. B., eine persönliche Lebensaussage zu schreiben und langfristig zu planen.

Mit Quadrant-II-Aktivitäten erreichen Sie eine Umorientierung von den Problemen hin zu Ihren Möglichkeiten. Durch die Arbeit an der Wurzel der Dinge nimmt die Effektivität stark zu und drängt mit ihrer vorbeugenden Wirkung die Krisen und Probleme aus Quadrant I zurück.

Priorisieren Sie und organisieren Sie nach diesen Prioritäten. Nehmen Sie sich Zeit, zu wichtigen Dingen „ja" sagen zu können, indem Sie zu dringend erscheinenden unwichtigeren Aufgaben „nein" sagen. Delegieren Sie. Zunächst müssen Sie sich die Zeit für Quadrant II aus den Quadranten III und IV nehmen. Quadrant I kann nicht ignoriert werden, wird aber mit der Zeit schrumpfen. Ein Quadrant-II-Terminplaner wird sechs wichtige Kriterien erfüllen müssen:

- **Kohärenz:** Einheit Ihrer Vision, Lebensaussage, Pläne und Rollen mit den Prioritäten, Wünschen und Ihrer Disziplin.
- **Ausgewogenheit:** Die verschiedenen wichtigen Dinge in Ihrem Leben, wie Ihre Gesundheit, Familie, berufliche Vorbereitungen und persönliche Entwicklung, sollen ausgewogen berücksichtigt sein. Erfolg in einer Rolle kann nicht auf Dauer die Vernachlässigung der anderen aufwiegen. Werden Sie sich klar über Ihre Rollen!
- **Quadrant-II-Fokus:** Organisieren Sie auf einer wöchentlichen Basis. Damit haben Sie den Überblick für den Kontext und eine ausgewogenere Planung, können aber weiterhin auf kurzfristige Erfordernisse eingehen. Sie sollen dabei nicht Prioritäten vergeben für das, was in Ihrem Terminkalender steht, sondern Termine für Ihre Prioritäten festsetzen.
- **Eine „Menschen"-Dimension:** Denken Sie an Effizienz, wenn Sie mit Dingen handeln, aber an Effektivität, wenn Sie es mit Menschen zu tun haben. Manchmal ist es erforderlich, seinen Terminplan Menschen unterzuordnen.
- **Flexibilität:** Ihr Planungswerkzeug sollte Ihr Helfer sein, nicht Ihr Meister. Es sollte Ihrem Stil und Ihren Bedürfnissen angepasst sein.
- **Handlichkeit:** Ihr Werkzeug sollte handlich sein, damit Sie es die meiste Zeit bei sich haben können.

Prinzip 4: Win-Win-Denken

Effektive Führung und Kooperation beruhen auf der Schaffung einer Vertrauensbasis. Diese kann mit einem Kontostand auf der Bank verglichen werden. Ein positives Verhalten ist eine Einzahlung auf das Beziehungskonto und negatives bedeutet Belastungen. Bei einer vertrauensvollen Beziehung ist das Beziehungskonto gut gefüllt. Wurde das Konto jedoch zu stark belastet, gerät es ins Minus. Eine Zusammenarbeit ist nicht mehr möglich ohne vorherige Einzahlungen, um das Vertrauen wieder aufzubauen.

Zu den Einzahlungen zählen u. a., den anderen Menschen zu verstehen, auf Kleinigkeiten zu achten, Verpflichtungen einzuhalten, Erwartungen zu klären, persönliche Integrität zu zeigen und sich bei Belastungen des Beziehungskontos ehrlich zu entschuldigen.

Im menschlichen Miteinander, insbesondere bei Konflikten, gibt es verschiedene Denkweisen bzw. Verhaltensstrategien, die mit verschiedenen Ergebnissen für die (Konflikt-)Parteien verbunden sind (Covey 1992):

- **Win-Win:** Beide beziehen Vorteile aus der Interaktion.
- **Win-Lose:** Dies ist die wettbewerbliche Einstellung. Damit ich gewinne, muss der andere verlieren. In persönlichen Beziehungen ist diese autoritäre Einstellung zum Scheitern verurteilt.
- **Lose-Win:** Eine Person sichert sich ihre Akzeptanz durch eine Aufopferungshaltung.
- **Lose-Lose:** Dies ist die Einstellung im Krieg, wenn der Verlust des anderen so wichtig ist, dass auch der eigene Verlust in Kauf genommen wird. Oder Verlierer zu sein ist nicht so schlimm, wenn alle verlieren.

- **Win:** Konzentration auf den eigenen Gewinn ohne Rücksicht auf die Konsequenz für den anderen.
- **Win-Win or No Deal:** Wenn es nicht möglich ist, ein für beide Parteien positives Ergebnis zu erreichen, einigt man sich darauf, kein Geschäft abzuschließen. Diese Option ist meist nur am Anfang von Geschäftsbeziehungen möglich. In einer bestehenden Beziehung ist dies schwierig.

Die Ausrichtung auf Win-Win ermöglicht oft neue kreative Lösungen, von denen alle Beteiligten profitieren. Das Verständnis für die Belange des anderen sowie gemeinsam getragene Ergebnisse sind eine Einzahlung auf das Beziehungskonto und damit Grundlage für eine langfristig positive Zusammenarbeit.

Win-Win umfasst folgende fünf Dimensionen:

Formen Sie Ihren **Charakter.** Bauen Sie durch Integrität eine vertrauensvolle Beziehung auf. Die wichtigste Grundeinstellung ist die Überfluss-Mentalität, zu erkennen, dass genug für alle da ist.
Pflegen Sie Ihre **Beziehungen,** sie sind das Fundament von Win-Win. Bei gut gefüllten Beziehungskonten ist die Wahrscheinlichkeit für eine konstruktive Zusammenarbeit sehr hoch.
Leistungs- oder Partnerschafts-**Vereinbarungen** geben Win-Win eine Definition und Richtung. Sie beinhalten die Erwartungen, Richtlinien, Ressourcen, Verantwortlichkeiten und Konsequenzen bei der abschließenden Beurteilung.
Das **System** muss Win-Win-Denken unterstützen.
Richten Sie Ihre **Prozesse** auf Win-Win aus. Betrachten Sie das Problem von einem anderen Standpunkt aus und versuchen Sie die Bedürfnisse des anderen zu verstehen. Iden-

tifizieren Sie, um welche Schlüsselfragen (nicht Positionen) es geht. Bestimmen Sie, was eine vollkommen annehmbare Lösung ausmachen würde. Machen Sie neue mögliche Optionen aus, um dieses Ergebnis zu erreichen.

Prinzip 5: Wertschätzend kommunizieren

Wir neigen oft dazu, zu antworten, bevor wir zu Ende zugehört haben. Wir betrachten dabei die Informationen durch unsere eigenen Erfahrungen und Einstellungen. Das Gegenüber kann sich dabei nicht richtig verstanden fühlen und baut eine Mauer aus Ärger und Misstrauen auf.

Durch emphatisches Zuhören kann eine vertrauensvolle Atmosphäre geschaffen werden, die erst eine Zusammenarbeit ermöglicht. Das wirkliche Verstehen der anderen Person ist eine große Einzahlung auf das Beziehungskonto. Auf diese Weise ist es erst möglich, zu dem eigentlichen Kern eines Problems vorzustoßen.

Um zu emphatischem oder aktivem Zuhören zu gelangen, gibt es vier Entwicklungsstadien:

- Beim aktiven Zuhören wiederholen Sie einfach die Aussage des anderen.
- Formulieren Sie sie dann in Ihren eigenen Worten.
- Beschreiben Sie die der Aussage zugrunde liegenden Gefühle der Person.
- Die höchste Stufe vereint die letzten beiden Schritte. Wiederholen Sie die Mitteilung der anderen Person in Ihren eigenen Worten und beschreiben Sie die Gefühle, die dahinter stehen.

Wertschätzendes Kommunizieren braucht Zeit. Das Korrigieren von Missverständnissen oder Leben mit Problemen erfordert demgegenüber einen wesentlich höheren Aufwand. Wenn Sie Meinungsverschiedenheiten mit jemandem haben, versetzen Sie sich in die Lage der anderen Person. Dann überlegen Sie, wie Sie sie am besten für sich gewinnen können.

Prinzip 6: Probleme gemeinsam kreativ lösen

Synergie bedeutet, dass das Ganze größer ist als die Summe seiner Teile. So sollten wir z. B. verschiedene Ansichten zu einem Problem oder einer Sache nicht als Hindernis betrachten, sondern als Möglichkeit begreifen, unseren Horizont zu erweitern und nach gemeinsamen kreativen Lösungen zu suchen.

In Veränderungsprozessen gibt es immer treibende und hemmende Kräfte. Eine Verstärkung der treibenden Kräfte kann zwar vorübergehende Erfolge bewirken, die hemmenden werden den Veränderungsprozess aber schließlich wie eine immer stärker gespannte Feder zurückwerfen. Eine Beteiligung der hemmenden Personen an der Problematik vermittelt ihnen das Gefühl, dass es auch ihr Problem ist. Dann werden sie einen wichtigen Beitrag zur Lösung beisteuern (siehe Pocket Power Coachingtechniken, Moderationstechniken, Der Kontinuierliche Verbesserungsprozess und Kreativitätstechniken).

Prinzip 7: Selbstführung kontinuierlich verbessern

Die kontinuierliche und konsequente Erneuerung und Anwendung der sechs vorigen Prinzipien ist der Inhalt des siebten. Die größte Einzelinvestition, die wir im Leben vornehmen können, ist, in uns selbst zu investieren. Damit erhalten und bauen wir unsere eigenen Kapazitäten und Kompetenzen aus.

6 Abschluss

Viele Unternehmen werden aufgrund von Globalisierung, Shareholder Value und Informationstechnik in den nächsten Jahren gezwungen sein, die Qualität ihrer Produkte und Dienstleistungen zu verbessern, neue Wachstumschancen zu erkennen und ihre Produktivität zu steigern.

Unumstritten gilt, dass die Innovationskraft von Unternehmen durch die Leistungsfähigkeit ihrer Mitarbeiter bestimmt wird. Spitzenleistungen sind dabei nur mit **kreativen, kooperativen und selbstbewussten** Menschen zu erreichen.

Change Management bedeutet daher, die Menschen zu befähigen, zu ermutigen und zu ermächtigen Veränderungsprozesse proaktiv zu gestalten, Kreativität in Teams zu entfalten, bereichsübergreifend zusammenzuarbeiten und Spaß an ihrer Arbeit zu haben.

Mit diesem Pocket Power erhalten Sie eine systematische Vorgehensweise zur Veränderung von Unternehmens- und Mitarbeiterführung. In einem Sieben-Stufen-Modell wurden Methoden zur Gestaltung von Veränderungsprozessen originell und zielgerichtet miteinander verknüpft. Im Folgenden sind die Stufen und Methoden zusammenfassend nochmals dargestellt:

Stufe 1: Bewusstsein für Veränderungsbedarf schaffen

Mit Hilfe des **EFQM-Modells für Business Excellence** wird die Leistungsfähigkeit des Unternehmens von Führungskräften und Mitarbeitern selbst bewertet. Dadurch werden Verbesserungspotenziale aufgezeigt.

Stufe 2: Visionär führen und Strategie entwickeln

Mit der **Balanced Scorecard** können die Führungskräfte gemeinsam eine Vision entwickeln und daraus eine Strategie sowie Aktionsprogramme ableiten.

Stufe 3: Vision und Strategie kommunizieren

Mit Hilfe der **integrativen Kommunikation** werden jedem Mitarbeiter Vision und Strategie vermittelt.

Stufe 4: Kurzfristig sichtbare Erfolge planen

Mit Hilfe von **Projektmanagement** werden komplexe Probleme in überschaubare Arbeitspakete zerlegt und können in kleinen Schritten abgearbeitet werden.

Stufe 5: Prozessorientierte Steuerung

Durch konsequentes **Prozessmanagement** werden ineffiziente Abläufe im Unternehmen von den Mitarbeitern selbst analysiert und verbessert.

Stufe 6: Veränderungen institutionalisieren

Durch den kontinuierlichen Verbesserungsprozess werden Veränderungen in die tägliche Routinearbeit integriert. Dafür müssen die richtigen Personen an der richtigen Stelle zusammenarbeiten. Dafür bietet sich die Entwicklung von **Hochleistungs-Teams** an.

Stufe 7: Neue Verhaltensweisen kultivieren

Durch **effektive Selbstführung** wird die Fähigkeit zu selbstverantwortlichem Handeln weiterentwickelt.

Wir wünschen Ihnen für Ihren Veränderungsprozess viel Erfolg, aber auch etwas Geduld und eine neue Sichtweise auf Ihre Umgebung, denn Verhaltensweisen lassen sich nur mit Konsequenz und Kontinuität verändern.

Literatur

Alle Pocket-Power-Bände, siehe hintere innere Umschlagseite.

Lotter, W.; Bucksteeg, E.; M.; Posner: Kommunikation – Der Pudding, die Wand und der Nagel. Brand Eins, Ausgabe 06/2005

Covey, S. R.: Sieben Wege zur Effektivität. Campus 2000.

Doppler, K.; Lauenburg, Ch.: Change Management. Den Unternehmenswandel gestalten. Campus 2002.

EFQM (Hrsg.): Selbstbewertung. Brüssel 2004.

Kaplan, R. S.; Norton, D. P.: Balanced Scorecard. Schaeffer-Poeschel 1997.

Kotter, J. P.: Leading Change. Harvard Business School Press 1996.

Litke, H.-D.: Projektmanagement. Hanser 2004.

Margerison, Ch.; McCann, D.: High Energy Teams Workbook. Milton Queensland, TMS Publisher 1997.

Mayrshofer, D.; Kröger, H.: Prozesskompetenz in der Projektarbeit. Windmühle 1999.

Mohr, N.; Woehe, J. M.: Widerstand erfolgreich managen, professionelle Kommunikation in Veränderungsprojekten. Campus 1998.

Nefiodow, L. A.: Der sechste Kondratieff. Rhein-Sieg-Verlag 1999.

Wagner, H.; Schnappauf, R.: Nutzen des TMS. Forum für Teamentwicklung. Lüdenscheid 2000.

Watzlawick, P.; Beavin, J. H.; Jackson, D. D.: Menschliche Kommunikation. Formen, Störungen, Paradoxien. Huber 1990.